Multiplication Practice

Double Digit & Beyond

Equations for Grades 3 - 5

This Workbook Belongs to:

_____

Copyright KJ Callas 2023 | All Rights Reserved

Table of Contents

Let's Review (Individual Numbers)	1
Let's Review 0 - 12	13
Let's Time It!	20
Multiply Double and Single Digits	21
Let's Time It!	30
Let's Multiply Double Digits	31
Let's Time It!	40
Let's Time It!	50
Let's Time It!	60
Let's Time It!	70
Let's Time It!	80
Beyond Double Digits	81
Let's Time It!	90
Beyond Double Digits (Triple)	91
Let's Time It!	100
Solutions	101

Let's Review 0 and 1

1) 1 × 0
2) 12 × 1
3) 11 × 0
4) 1 × 1
5) 5 × 0
6) 7 × 1

7) 3 × 0
8) 8 × 1
9) 7 × 0
10) 9 × 0
11) 4 × 1
12) 6 × 1

13) 9 × 0
14) 9 × 1
15) 1 × 0
16) 9 × 0
17) 11 × 1
18) 3 × 1

19) 8 × 1
20) 9 × 0
21) 0 × 0
22) 0 × 0
23) 1 × 0
24) 10 × 0

25) 2 × 1
26) 5 × 0
27) 7 × 0
28) 4 × 1
29) 1 × 0
30) 0 × 1

31) 1 × 0
32) 4 × 0
33) 5 × 0
34) 2 × 0
35) 9 × 0
36) 6 × 1

37) 3 × 1
38) 7 × 0
39) 5 × 0
40) 5 × 1
41) 10 × 0
42) 5 × 0

43) 1 × 1
44) 4 × 1
45) 6 × 0
46) 0 × 1
47) 10 × 0
48) 0 × 1

49) 4 × 1
50) 10 × 1
51) 11 × 0
52) 2 × 0
53) 0 × 0
54) 4 × 0

55) 12 × 1
56) 8 × 0
57) 2 × 1
58) 11 × 0
59) 7 × 0
60) 4 × 0

Let's Review 2

1) 5 × 2
2) 8 × 2
3) 8 × 2
4) 2 × 2
5) 11 × 2
6) 3 × 2
7) 1 × 2
8) 10 × 2
9) 8 × 2
10) 10 × 2
11) 5 × 2
12) 2 × 2
13) 6 × 2
14) 3 × 2
15) 2 × 2
16) 10 × 2
17) 5 × 2
18) 3 × 2
19) 9 × 2
20) 5 × 2
21) 3 × 2
22) 2 × 2
23) 3 × 2
24) 11 × 2
25) 12 × 2
26) 11 × 2
27) 0 × 2
28) 10 × 2
29) 0 × 2
30) 10 × 2
31) 0 × 2
32) 9 × 2
33) 9 × 2
34) 8 × 2
35) 2 × 2
36) 3 × 2
37) 8 × 2
38) 2 × 2
39) 1 × 2
40) 3 × 2
41) 10 × 2
42) 2 × 2
43) 7 × 2
44) 10 × 2
45) 0 × 2
46) 5 × 2
47) 8 × 2
48) 7 × 2
49) 0 × 2
50) 3 × 2
51) 1 × 2
52) 7 × 2
53) 4 × 2
54) 12 × 2
55) 4 × 2
56) 11 × 2
57) 11 × 2
58) 3 × 2
59) 1 × 2
60) 2 × 2

Let's Review 3

1) 4 × 3
2) 1 × 3
3) 9 × 3
4) 4 × 3
5) 11 × 3
6) 11 × 3

7) 6 × 3
8) 8 × 3
9) 0 × 3
10) 7 × 3
11) 1 × 3
12) 1 × 3

13) 4 × 3
14) 8 × 3
15) 11 × 3
16) 1 × 3
17) 7 × 3
18) 2 × 3

19) 8 × 3
20) 9 × 3
21) 1 × 3
22) 1 × 3
23) 11 × 3
24) 10 × 3

25) 0 × 3
26) 5 × 3
27) 6 × 3
28) 6 × 3
29) 8 × 3
30) 3 × 3

31) 8 × 3
32) 6 × 3
33) 0 × 3
34) 12 × 3
35) 4 × 3
36) 6 × 3

37) 12 × 3
38) 7 × 3
39) 7 × 3
40) 12 × 3
41) 1 × 3
42) 4 × 3

43) 5 × 3
44) 11 × 3
45) 1 × 3
46) 0 × 3
47) 2 × 3
48) 10 × 3

49) 2 × 3
50) 6 × 3
51) 4 × 3
52) 9 × 3
53) 9 × 3
54) 5 × 3

55) 1 × 3
56) 12 × 3
57) 5 × 3
58) 8 × 3
59) 5 × 3
60) 10 × 3

Let's Review 4

1) 2×4
2) 8×4
3) 3×4
4) 9×4
5) 8×4
6) 9×4
7) 5×4
8) 11×4
9) 2×4
10) 7×4
11) 8×4
12) 2×4
13) 9×4
14) 4×4
15) 11×4
16) 6×4
17) 10×4
18) 12×4
19) 5×4
20) 10×4
21) 1×4
22) 1×4
23) 11×4
24) 3×4
25) 9×4
26) 0×4
27) 0×4
28) 7×4
29) 11×4
30) 7×4
31) 4×4
32) 1×4
33) 5×4
34) 5×4
35) 3×4
36) 11×4
37) 9×4
38) 1×4
39) 4×4
40) 2×4
41) 5×4
42) 6×4
43) 10×4
44) 10×4
45) 10×4
46) 10×4
47) 11×4
48) 3×4
49) 2×4
50) 5×4
51) 10×4
52) 9×4
53) 9×4
54) 8×4
55) 5×4
56) 6×4
57) 0×4
58) 1×4
59) 12×4
60) 8×4

Let's Review 5

1) 6×5
2) 10×5
3) 11×5
4) 6×5
5) 5×5
6) 7×5
7) 8×5
8) 3×5
9) 8×5
10) 1×5
11) 8×5
12) 6×5
13) 2×5
14) 7×5
15) 10×5
16) 0×5
17) 0×5
18) 3×5
19) 5×5
20) 6×5
21) 9×5
22) 11×5
23) 12×5
24) 3×5
25) 12×5
26) 12×5
27) 8×5
28) 0×5
29) 9×5
30) 12×5
31) 6×5
32) 2×5
33) 2×5
34) 12×5
35) 8×5
36) 10×5
37) 11×5
38) 3×5
39) 8×5
40) 10×5
41) 2×5
42) 8×5
43) 4×5
44) 1×5
45) 1×5
46) 3×5
47) 5×5
48) 5×5
49) 9×5
50) 8×5
51) 9×5
52) 11×5
53) 9×5
54) 0×5
55) 4×5
56) 10×5
57) 12×5
58) 9×5
59) 1×5
60) 7×5

Let's Review 6

1) 12 × 6
2) 1 × 6
3) 7 × 6
4) 7 × 6
5) 10 × 6
6) 3 × 6
7) 4 × 6
8) 11 × 6
9) 5 × 6
10) 7 × 6
11) 4 × 6
12) 12 × 6
13) 6 × 6
14) 10 × 6
15) 2 × 6
16) 12 × 6
17) 5 × 6
18) 5 × 6
19) 4 × 6
20) 12 × 6
21) 10 × 6
22) 10 × 6
23) 1 × 6
24) 4 × 6
25) 12 × 6
26) 12 × 6
27) 12 × 6
28) 7 × 6
29) 2 × 6
30) 6 × 6
31) 2 × 6
32) 12 × 6
33) 8 × 6
34) 5 × 6
35) 6 × 6
36) 7 × 6
37) 10 × 6
38) 6 × 6
39) 10 × 6
40) 8 × 6
41) 11 × 6
42) 9 × 6
43) 2 × 6
44) 0 × 6
45) 3 × 6
46) 9 × 6
47) 7 × 6
48) 0 × 6
49) 9 × 6
50) 1 × 6
51) 10 × 6
52) 12 × 6
53) 0 × 6
54) 6 × 6
55) 7 × 6
56) 5 × 6
57) 9 × 6
58) 2 × 6
59) 3 × 6
60) 12 × 6

Let's review 7

1) 0 × 7
2) 10 × 7
3) 2 × 7
4) 7 × 7
5) 7 × 7
6) 10 × 7

7) 5 × 7
8) 0 × 7
9) 12 × 7
10) 1 × 7
11) 10 × 7
12) 7 × 7

13) 3 × 7
14) 8 × 7
15) 7 × 7
16) 0 × 7
17) 3 × 7
18) 7 × 7

19) 9 × 7
20) 12 × 7
21) 0 × 7
22) 9 × 7
23) 4 × 7
24) 1 × 7

25) 11 × 7
26) 11 × 7
27) 6 × 7
28) 11 × 7
29) 6 × 7
30) 9 × 7

31) 9 × 7
32) 1 × 7
33) 12 × 7
34) 12 × 7
35) 4 × 7
36) 0 × 7

37) 12 × 7
38) 4 × 7
39) 7 × 7
40) 2 × 7
41) 2 × 7
42) 9 × 7

43) 5 × 7
44) 11 × 7
45) 12 × 7
46) 10 × 7
47) 1 × 7
48) 9 × 7

49) 7 × 7
50) 6 × 7
51) 11 × 7
52) 1 × 7
53) 3 × 7
54) 12 × 7

55) 6 × 7
56) 4 × 7
57) 12 × 7
58) 11 × 7
59) 11 × 7
60) 8 × 7

Let's Review 8

1) 10 × 8
2) 10 × 8
3) 1 × 8
4) 12 × 8
5) 1 × 8
6) 6 × 8
7) 8 × 8
8) 3 × 8
9) 12 × 8
10) 3 × 8
11) 2 × 8
12) 2 × 8
13) 4 × 8
14) 11 × 8
15) 6 × 8
16) 7 × 8
17) 7 × 8
18) 5 × 8
19) 7 × 8
20) 6 × 8
21) 0 × 8
22) 12 × 8
23) 1 × 8
24) 4 × 8
25) 2 × 8
26) 7 × 8
27) 9 × 8
28) 4 × 8
29) 8 × 8
30) 3 × 8
31) 6 × 8
32) 9 × 8
33) 11 × 8
34) 11 × 8
35) 6 × 8
36) 11 × 8
37) 9 × 8
38) 0 × 8
39) 3 × 8
40) 4 × 8
41) 4 × 8
42) 7 × 8
43) 5 × 8
44) 7 × 8
45) 5 × 8
46) 6 × 8
47) 9 × 8
48) 0 × 8
49) 5 × 8
50) 6 × 8
51) 7 × 8
52) 5 × 8
53) 3 × 8
54) 0 × 8
55) 6 × 8
56) 7 × 8
57) 12 × 8
58) 2 × 8
59) 9 × 8
60) 5 × 8

Let's Review 9

1) 1 × 9
2) 3 × 9
3) 6 × 9
4) 7 × 9
5) 6 × 9
6) 11 × 9
7) 3 × 9
8) 0 × 9
9) 5 × 9
10) 6 × 9
11) 6 × 9
12) 12 × 9
13) 0 × 9
14) 0 × 9
15) 0 × 9
16) 7 × 9
17) 4 × 9
18) 12 × 9
19) 12 × 9
20) 12 × 9
21) 8 × 9
22) 0 × 9
23) 1 × 9
24) 10 × 9
25) 2 × 9
26) 8 × 9
27) 12 × 9
28) 10 × 9
29) 10 × 9
30) 12 × 9
31) 3 × 9
32) 11 × 9
33) 5 × 9
34) 3 × 9
35) 1 × 9
36) 0 × 9
37) 10 × 9
38) 5 × 9
39) 5 × 9
40) 12 × 9
41) 4 × 9
42) 2 × 9
43) 2 × 9
44) 6 × 9
45) 3 × 9
46) 2 × 9
47) 0 × 9
48) 11 × 9
49) 10 × 9
50) 5 × 9
51) 7 × 9
52) 9 × 9
53) 11 × 9
54) 1 × 9
55) 11 × 9
56) 0 × 9
57) 4 × 9
58) 12 × 9
59) 0 × 9
60) 2 × 9

Let's Review 10

1) 10 × 7
2) 10 × 5
3) 10 × 3
4) 10 × 3
5) 10 × 5
6) 10 × 10

7) 10 × 3
8) 10 × 8
9) 10 × 9
10) 10 × 9
11) 10 × 8
12) 10 × 4

13) 10 × 8
14) 10 × 10
15) 10 × 4
16) 10 × 7
17) 10 × 7
18) 10 × 2

19) 10 × 9
20) 10 × 6
21) 10 × 7
22) 10 × 10
23) 10 × 4
24) 10 × 0

25) 10 × 5
26) 10 × 7
27) 10 × 4
28) 10 × 1
29) 10 × 0
30) 10 × 10

31) 10 × 9
32) 10 × 7
33) 10 × 10
34) 10 × 1
35) 10 × 2
36) 10 × 10

37) 10 × 10
38) 10 × 7
39) 10 × 8
40) 10 × 8
41) 10 × 3
42) 10 × 6

43) 10 × 6
44) 10 × 7
45) 10 × 1
46) 10 × 8
47) 10 × 0
48) 10 × 6

49) 10 × 5
50) 10 × 10
51) 10 × 3
52) 10 × 1
53) 10 × 3
54) 10 × 6

55) 10 × 10
56) 10 × 10
57) 10 × 1
58) 10 × 8
59) 10 × 9
60) 10 × 1

Let's Review 11

1) 11 × 6
2) 11 × 11
3) 11 × 5
4) 11 × 2
5) 11 × 1
6) 11 × 6
7) 11 × 1
8) 11 × 6
9) 11 × 6
10) 11 × 7
11) 11 × 0
12) 11 × 1
13) 11 × 1
14) 11 × 7
15) 11 × 10
16) 11 × 2
17) 11 × 8
18) 11 × 2
19) 11 × 10
20) 11 × 10
21) 11 × 4
22) 11 × 0
23) 11 × 6
24) 11 × 1
25) 11 × 3
26) 11 × 0
27) 11 × 11
28) 11 × 10
29) 11 × 4
30) 11 × 11
31) 11 × 3
32) 11 × 6
33) 11 × 9
34) 11 × 5
35) 11 × 3
36) 11 × 3
37) 11 × 2
38) 11 × 3
39) 11 × 11
40) 11 × 11
41) 11 × 7
42) 11 × 7
43) 11 × 8
44) 11 × 6
45) 11 × 5
46) 11 × 6
47) 11 × 7
48) 11 × 7
49) 11 × 1
50) 11 × 6
51) 11 × 10
52) 11 × 4
53) 11 × 10
54) 11 × 2
55) 11 × 7
56) 11 × 8
57) 11 × 4
58) 11 × 1
59) 11 × 8
60) 11 × 2

Let's Review 12

1) 12 × 4
2) 12 × 9
3) 12 × 9
4) 12 × 8
5) 12 × 11
6) 12 × 10

7) 12 × 4
8) 12 × 11
9) 12 × 6
10) 12 × 11
11) 12 × 6
12) 12 × 2

13) 12 × 9
14) 12 × 3
15) 12 × 10
16) 12 × 5
17) 12 × 7
18) 12 × 9

19) 12 × 3
20) 12 × 4
21) 12 × 0
22) 12 × 0
23) 12 × 12
24) 12 × 0

25) 12 × 2
26) 12 × 8
27) 12 × 7
28) 12 × 11
29) 12 × 0
30) 12 × 4

31) 12 × 0
32) 12 × 3
33) 12 × 3
34) 12 × 10
35) 12 × 0
36) 12 × 12

37) 12 × 10
38) 12 × 10
39) 12 × 7
40) 12 × 12
41) 12 × 5
42) 12 × 5

43) 12 × 11
44) 12 × 8
45) 12 × 6
46) 12 × 9
47) 12 × 1
48) 12 × 10

49) 12 × 2
50) 12 × 12
51) 12 × 1
52) 12 × 10
53) 12 × 7
54) 12 × 6

55) 12 × 8
56) 12 × 8
57) 12 × 7
58) 12 × 4
59) 12 × 3
60) 12 × 0

Let's Review 0 - 12

1) 5 × 8
2) 6 × 0
3) 2 × 7
4) 7 × 5
5) 9 × 2
6) 0 × 3

7) 1 × 9
8) 3 × 4
9) 6 × 4
10) 10 × 3
11) 11 × 4
12) 5 × 8

13) 6 × 8
14) 0 × 3
15) 12 × 3
16) 6 × 6
17) 0 × 2
18) 8 × 6

19) 11 × 9
20) 0 × 0
21) 11 × 4
22) 6 × 0
23) 9 × 2
24) 9 × 1

25) 3 × 4
26) 0 × 6
27) 9 × 8
28) 0 × 2
29) 7 × 6
30) 0 × 4

31) 12 × 7
32) 9 × 2
33) 7 × 9
34) 6 × 1
35) 3 × 5
36) 10 × 4

37) 6 × 5
38) 7 × 7
39) 8 × 3
40) 6 × 0
41) 4 × 7
42) 11 × 9

43) 10 × 2
44) 11 × 3
45) 3 × 2
46) 5 × 6
47) 12 × 9
48) 4 × 0

49) 0 × 3
50) 11 × 9
51) 1 × 2
52) 1 × 9
53) 6 × 8
54) 8 × 4

55) 11 × 2
56) 7 × 2
57) 7 × 6
58) 5 × 0
59) 5 × 0
60) 7 × 4

Let's Review 0 - 12

1) 3 × 6
2) 0 × 0
3) 5 × 2
4) 2 × 2
5) 12 × 1
6) 9 × 8
7) 3 × 0
8) 0 × 5
9) 1 × 5
10) 4 × 2
11) 0 × 7
12) 11 × 4
13) 3 × 7
14) 3 × 0
15) 8 × 0
16) 1 × 4
17) 6 × 2
18) 11 × 2
19) 2 × 7
20) 10 × 8
21) 12 × 5
22) 3 × 8
23) 0 × 0
24) 4 × 1
25) 1 × 0
26) 4 × 9
27) 7 × 7
28) 0 × 1
29) 5 × 1
30) 12 × 3
31) 12 × 4
32) 0 × 5
33) 11 × 5
34) 9 × 6
35) 12 × 2
36) 3 × 2
37) 8 × 2
38) 9 × 2
39) 6 × 2
40) 1 × 4
41) 11 × 9
42) 12 × 1
43) 12 × 2
44) 1 × 2
45) 12 × 4
46) 9 × 8
47) 9 × 6
48) 4 × 8
49) 11 × 3
50) 7 × 5
51) 1 × 6
52) 0 × 9
53) 9 × 7
54) 11 × 2
55) 0 × 3
56) 3 × 4
57) 4 × 1
58) 7 × 8
59) 8 × 0
60) 9 × 5

Let's Review 0 - 12

1) 12 × 2
2) 5 × 8
3) 4 × 9
4) 0 × 7
5) 7 × 0
6) 11 × 5
7) 12 × 1
8) 11 × 2
9) 7 × 1
10) 8 × 8
11) 12 × 3
12) 4 × 7
13) 1 × 9
14) 5 × 4
15) 10 × 5
16) 11 × 6
17) 0 × 3
18) 11 × 5
19) 8 × 7
20) 10 × 5
21) 11 × 5
22) 6 × 9
23) 5 × 4
24) 11 × 3
25) 9 × 4
26) 12 × 0
27) 0 × 2
28) 3 × 9
29) 8 × 2
30) 1 × 8
31) 4 × 7
32) 4 × 8
33) 6 × 3
34) 11 × 4
35) 9 × 8
36) 7 × 9
37) 5 × 4
38) 1 × 4
39) 11 × 5
40) 6 × 2
41) 12 × 0
42) 11 × 5
43) 9 × 4
44) 5 × 9
45) 8 × 3
46) 6 × 3
47) 3 × 0
48) 0 × 8
49) 10 × 9
50) 9 × 3
51) 8 × 8
52) 0 × 3
53) 3 × 2
54) 3 × 0
55) 8 × 3
56) 3 × 6
57) 8 × 4
58) 10 × 2
59) 12 × 4
60) 12 × 8

Let's Review 0 - 12

1) 7 × 6
2) 5 × 9
3) 8 × 8
4) 3 × 3
5) 6 × 9
6) 5 × 4
7) 2 × 2
8) 5 × 7
9) 11 × 5
10) 5 × 4
11) 9 × 1
12) 6 × 4
13) 9 × 6
14) 11 × 5
15) 10 × 8
16) 6 × 5
17) 5 × 0
18) 1 × 7
19) 2 × 0
20) 6 × 1
21) 9 × 3
22) 9 × 8
23) 3 × 9
24) 3 × 4
25) 3 × 4
26) 2 × 5
27) 11 × 9
28) 6 × 0
29) 1 × 3
30) 1 × 4
31) 6 × 8
32) 4 × 4
33) 5 × 6
34) 2 × 3
35) 9 × 1
36) 10 × 6
37) 7 × 9
38) 0 × 4
39) 6 × 6
40) 4 × 5
41) 4 × 0
42) 10 × 4
43) 2 × 5
44) 6 × 8
45) 7 × 0
46) 1 × 2
47) 5 × 1
48) 2 × 5
49) 11 × 0
50) 5 × 4
51) 10 × 7
52) 0 × 6
53) 4 × 2
54) 8 × 2
55) 3 × 4
56) 1 × 3
57) 6 × 6
58) 0 × 3
59) 3 × 8
60) 5 × 5

Let's Review 0 - 12

1) 12 × 6
2) 6 × 3
3) 0 × 2
4) 3 × 6
5) 3 × 0
6) 4 × 3
7) 12 × 9
8) 3 × 2
9) 2 × 7
10) 12 × 4
11) 8 × 3
12) 1 × 7
13) 3 × 5
14) 4 × 2
15) 1 × 6
16) 9 × 0
17) 4 × 9
18) 3 × 5
19) 10 × 2
20) 12 × 9
21) 3 × 3
22) 9 × 6
23) 12 × 7
24) 0 × 1
25) 0 × 2
26) 12 × 8
27) 1 × 1
28) 0 × 4
29) 11 × 7
30) 5 × 5
31) 2 × 2
32) 3 × 6
33) 9 × 1
34) 10 × 9
35) 0 × 4
36) 8 × 8
37) 9 × 6
38) 11 × 5
39) 10 × 3
40) 4 × 7
41) 12 × 0
42) 4 × 7
43) 1 × 5
44) 5 × 9
45) 7 × 0
46) 3 × 6
47) 8 × 3
48) 9 × 7
49) 7 × 2
50) 11 × 7
51) 4 × 0
52) 2 × 0
53) 8 × 3
54) 11 × 5
55) 9 × 4
56) 11 × 0
57) 10 × 3
58) 5 × 9
59) 4 × 0
60) 4 × 3

Let's Review 0 - 12

1) 7 × 9
2) 4 × 7
3) 3 × 0
4) 6 × 6
5) 8 × 8
6) 2 × 0
7) 9 × 3
8) 9 × 8
9) 5 × 2
10) 5 × 1
11) 1 × 3
12) 7 × 2
13) 7 × 9
14) 9 × 3
15) 0 × 0
16) 12 × 6
17) 6 × 2
18) 8 × 5
19) 12 × 1
20) 7 × 8
21) 4 × 1
22) 4 × 4
23) 4 × 1
24) 4 × 1
25) 1 × 3
26) 4 × 5
27) 10 × 8
28) 7 × 9
29) 9 × 3
30) 1 × 0
31) 11 × 8
32) 5 × 4
33) 7 × 2
34) 5 × 8
35) 10 × 3
36) 10 × 2
37) 1 × 7
38) 6 × 1
39) 12 × 5
40) 8 × 3
41) 6 × 4
42) 12 × 4
43) 2 × 3
44) 8 × 5
45) 5 × 1
46) 10 × 9
47) 4 × 2
48) 11 × 9
49) 2 × 7
50) 11 × 7
51) 1 × 7
52) 10 × 3
53) 0 × 7
54) 1 × 0
55) 12 × 6
56) 0 × 1
57) 2 × 2
58) 2 × 6
59) 1 × 1
60) 0 × 7

Let's Review 0 - 12

1) 1 × 7
2) 12 × 6
3) 7 × 0
4) 1 × 1
5) 5 × 2
6) 0 × 8

7) 5 × 4
8) 10 × 6
9) 6 × 8
10) 3 × 7
11) 10 × 8
12) 1 × 0

13) 11 × 9
14) 3 × 4
15) 11 × 7
16) 12 × 4
17) 10 × 1
18) 1 × 7

19) 6 × 3
20) 2 × 4
21) 10 × 5
22) 3 × 2
23) 5 × 3
24) 0 × 3

25) 2 × 9
26) 3 × 3
27) 5 × 0
28) 2 × 6
29) 9 × 4
30) 1 × 4

31) 7 × 3
32) 0 × 2
33) 10 × 1
34) 11 × 3
35) 3 × 0
36) 5 × 8

37) 0 × 0
38) 7 × 6
39) 5 × 5
40) 3 × 7
41) 0 × 7
42) 5 × 6

43) 7 × 2
44) 3 × 2
45) 12 × 6
46) 3 × 1
47) 3 × 5
48) 5 × 8

49) 6 × 2
50) 3 × 8
51) 9 × 3
52) 2 × 5
53) 6 × 4
54) 11 × 6

55) 1 × 4
56) 5 × 2
57) 8 × 4
58) 8 × 8
59) 2 × 0
60) 12 × 5

Time: Let's Time It! /60

1) 3 × 8
2) 2 × 2
3) 4 × 8
4) 11 × 1
5) 2 × 7
6) 12 × 8
7) 7 × 2
8) 0 × 2
9) 10 × 4
10) 9 × 9
11) 8 × 5
12) 4 × 7
13) 5 × 7
14) 6 × 4
15) 0 × 9
16) 5 × 4
17) 5 × 6
18) 4 × 5
19) 9 × 8
20) 1 × 5
21) 4 × 3
22) 0 × 7
23) 7 × 9
24) 3 × 0
25) 3 × 2
26) 2 × 3
27) 7 × 6
28) 4 × 2
29) 8 × 2
30) 3 × 7
31) 5 × 7
32) 5 × 7
33) 11 × 6
34) 1 × 3
35) 1 × 8
36) 5 × 4
37) 12 × 7
38) 7 × 3
39) 6 × 4
40) 4 × 0
41) 0 × 7
42) 4 × 6
43) 7 × 5
44) 2 × 3
45) 0 × 1
46) 8 × 1
47) 11 × 0
48) 12 × 0
49) 4 × 9
50) 5 × 8
51) 12 × 0
52) 10 × 3
53) 5 × 6
54) 0 × 7
55) 3 × 9
56) 5 × 9
57) 9 × 9
58) 2 × 7
59) 3 × 2
60) 9 × 7

Multiply Double and Single Digits

1) 85 × 7
2) 96 × 2
3) 27 × 8
4) 89 × 3
5) 22 × 8

6) 22 × 10
7) 13 × 5
8) 94 × 4
9) 68 × 10
10) 89 × 1

11) 71 × 3
12) 76 × 4
13) 25 × 1
14) 21 × 9
15) 34 × 8

16) 92 × 7
17) 87 × 7
18) 52 × 9
19) 91 × 9
20) 86 × 1

21) 86 × 3
22) 26 × 1
23) 81 × 7
24) 22 × 7
25) 62 × 8

26) 56 × 7
27) 80 × 10
28) 79 × 9
29) 29 × 5
30) 54 × 2

31) 46 × 7
32) 30 × 7
33) 90 × 1
34) 49 × 1
35) 29 × 2

36) 17 × 6
37) 71 × 7
38) 70 × 8
39) 37 × 5
40) 66 × 2

Multiply Double and Single Digits

1) 87 × 1
2) 28 × 9
3) 79 × 3
4) 71 × 8
5) 17 × 3

6) 53 × 2
7) 87 × 6
8) 47 × 9
9) 26 × 6
10) 84 × 3

11) 86 × 9
12) 31 × 10
13) 70 × 6
14) 33 × 1
15) 56 × 9

16) 99 × 9
17) 34 × 9
18) 96 × 1
19) 81 × 8
20) 98 × 10

21) 46 × 6
22) 49 × 9
23) 49 × 5
24) 91 × 7
25) 57 × 9

26) 73 × 8
27) 69 × 9
28) 52 × 8
29) 23 × 6
30) 47 × 1

31) 81 × 3
32) 23 × 3
33) 81 × 8
34) 75 × 8
35) 56 × 4

36) 60 × 9
37) 20 × 8
38) 57 × 7
39) 16 × 10
40) 41 × 6

Multiply Double and Single Digits

1) 36 × 6
2) 44 × 1
3) 76 × 5
4) 64 × 2
5) 68 × 6

6) 65 × 3
7) 59 × 6
8) 79 × 9
9) 56 × 2
10) 53 × 3

11) 47 × 2
12) 53 × 10
13) 96 × 2
14) 37 × 3
15) 88 × 4

16) 75 × 7
17) 31 × 1
18) 88 × 6
19) 26 × 5
20) 89 × 6

21) 14 × 1
22) 17 × 4
23) 37 × 9
24) 46 × 6
25) 91 × 2

26) 60 × 3
27) 23 × 3
28) 81 × 4
29) 85 × 2
30) 76 × 4

31) 89 × 5
32) 22 × 7
33) 42 × 8
34) 82 × 4
35) 22 × 1

36) 57 × 5
37) 21 × 7
38) 18 × 6
39) 60 × 4
40) 77 × 8

Multiply Double and Single Digits

1) 43 × 1
2) 34 × 2
3) 48 × 5
4) 41 × 10
5) 76 × 7

6) 67 × 3
7) 26 × 4
8) 18 × 2
9) 28 × 9
10) 22 × 3

11) 50 × 9
12) 26 × 5
13) 31 × 10
14) 62 × 6
15) 98 × 2

16) 96 × 9
17) 20 × 6
18) 67 × 10
19) 73 × 7
20) 53 × 3

21) 44 × 4
22) 57 × 9
23) 23 × 10
24) 39 × 1
25) 87 × 9

26) 73 × 5
27) 33 × 4
28) 87 × 5
29) 35 × 9
30) 39 × 5

31) 47 × 10
32) 79 × 8
33) 71 × 7
34) 22 × 9
35) 66 × 2

36) 78 × 9
37) 87 × 5
38) 97 × 5
39) 14 × 1
40) 50 × 4

Multiply Double and Single Digits

1) 39 × 10
2) 96 × 1
3) 91 × 10
4) 91 × 8
5) 98 × 6

6) 92 × 7
7) 78 × 5
8) 95 × 5
9) 56 × 3
10) 34 × 2

11) 64 × 5
12) 61 × 4
13) 74 × 1
14) 68 × 4
15) 11 × 4

16) 48 × 8
17) 60 × 5
18) 45 × 7
19) 16 × 5
20) 27 × 4

21) 61 × 5
22) 15 × 1
23) 84 × 6
24) 61 × 1
25) 48 × 1

26) 12 × 6
27) 96 × 8
28) 14 × 2
29) 64 × 10
30) 96 × 4

31) 30 × 6
32) 92 × 7
33) 37 × 5
34) 43 × 8
35) 90 × 2

36) 45 × 2
37) 65 × 7
38) 81 × 6
39) 20 × 9
40) 28 × 4

Multiply Double and Single Digits

1) 32 × 4
2) 58 × 6
3) 73 × 1
4) 71 × 2
5) 32 × 7

6) 14 × 3
7) 11 × 7
8) 33 × 8
9) 77 × 10
10) 32 × 8

11) 78 × 3
12) 70 × 2
13) 99 × 2
14) 29 × 10
15) 28 × 10

16) 98 × 3
17) 57 × 10
18) 59 × 4
19) 96 × 1
20) 14 × 1

21) 12 × 3
22) 19 × 2
23) 39 × 4
24) 13 × 4
25) 52 × 4

26) 80 × 5
27) 81 × 4
28) 90 × 9
29) 10 × 6
30) 66 × 4

31) 16 × 3
32) 59 × 7
33) 41 × 3
34) 42 × 7
35) 54 × 8

36) 17 × 9
37) 28 × 5
38) 64 × 8
39) 90 × 8
40) 36 × 9

Multiply Double and Single Digits

1) 82 × 9

2) 66 × 3

3) 56 × 10

4) 98 × 2

5) 29 × 3

6) 23 × 4

7) 55 × 2

8) 66 × 10

9) 40 × 2

10) 63 × 5

11) 70 × 2

12) 35 × 4

13) 80 × 2

14) 81 × 1

15) 24 × 8

16) 86 × 2

17) 91 × 8

18) 91 × 10

19) 67 × 7

20) 29 × 9

21) 71 × 1

22) 99 × 8

23) 67 × 7

24) 96 × 5

25) 27 × 8

26) 74 × 8

27) 32 × 3

28) 25 × 4

29) 59 × 10

30) 50 × 1

31) 87 × 9

32) 73 × 4

33) 94 × 8

34) 66 × 2

35) 45 × 2

36) 82 × 7

37) 81 × 2

38) 95 × 8

39) 28 × 5

40) 88 × 7

Multiply Double and Single Digits

1) 54 × 2
2) 73 × 7
3) 14 × 7
4) 10 × 1
5) 38 × 6

6) 14 × 6
7) 11 × 6
8) 15 × 3
9) 17 × 4
10) 85 × 8

11) 56 × 3
12) 11 × 1
13) 17 × 9
14) 54 × 5
15) 39 × 7

16) 11 × 5
17) 99 × 4
18) 22 × 4
19) 40 × 5
20) 68 × 7

21) 48 × 5
22) 44 × 9
23) 49 × 7
24) 12 × 4
25) 49 × 7

26) 50 × 3
27) 47 × 1
28) 88 × 7
29) 51 × 2
30) 55 × 5

31) 13 × 4
32) 39 × 4
33) 91 × 7
34) 20 × 7
35) 52 × 5

36) 87 × 6
37) 79 × 10
38) 88 × 3
39) 18 × 8
40) 67 × 4

Multiply Double and Single Digits

1) 90 × 8
2) 77 × 7
3) 19 × 7
4) 21 × 10
5) 44 × 6

6) 67 × 7
7) 24 × 8
8) 12 × 3
9) 79 × 6
10) 13 × 5

11) 48 × 2
12) 54 × 7
13) 94 × 9
14) 70 × 5
15) 95 × 5

16) 82 × 1
17) 67 × 1
18) 43 × 4
19) 48 × 3
20) 61 × 4

21) 19 × 9
22) 94 × 5
23) 36 × 4
24) 99 × 3
25) 75 × 4

26) 58 × 9
27) 49 × 3
28) 13 × 4
29) 89 × 4
30) 33 × 2

31) 97 × 3
32) 52 × 8
33) 81 × 8
34) 67 × 1
35) 62 × 3

36) 23 × 2
37) 54 × 2
38) 42 × 7
39) 88 × 1
40) 42 × 1

Time: **Let's Time It!**   /40

1) 73 × 5
2) 53 × 4
3) 40 × 5
4) 88 × 5
5) 23 × 3

6) 78 × 10
7) 83 × 10
8) 14 × 5
9) 94 × 1
10) 86 × 10

11) 28 × 1
12) 30 × 3
13) 33 × 8
14) 83 × 3
15) 36 × 7

16) 95 × 1
17) 26 × 8
18) 42 × 1
19) 95 × 9
20) 19 × 9

21) 50 × 4
22) 56 × 7
23) 52 × 7
24) 77 × 6
25) 47 × 4

26) 22 × 1
27) 67 × 5
28) 42 × 8
29) 94 × 6
30) 49 × 6

31) 11 × 6
32) 16 × 2
33) 57 × 7
34) 77 × 8
35) 67 × 10

36) 39 × 3
37) 48 × 2
38) 36 × 6
39) 75 × 8
40) 28 × 10

Let's Multiply Double Digits

1)
```
      5 0
   ×  2 1
   ──────
```

2)
```
      8 2
   ×  4 5
   ──────
```

3)
```
      9 5
   ×  1 6
   ──────
```

4)
```
      9 7
   ×  5 0
   ──────
```

5)
```
      6 9
   ×  3 0
   ──────
```

6)
```
      8 2
   ×  2 3
   ──────
```

Let's Multiply Double Digits

1) 77 × 39

2) 70 × 32

3) 55 × 10

4) 87 × 36

5) 64 × 31

6) 93 × 24

Page 32

Let's Multiply Double Digits

1)
```
      5 2
  ×   2 6
  -------
```

2)
```
      7 6
  ×   2 3
  -------
```

3)
```
      9 0
  ×   2 7
  -------
```

4)
```
      5 6
  ×   2 6
  -------
```

5)
```
      8 7
  ×   3 6
  -------
```

6)
```
      8 7
  ×   1 2
  -------
```

Let's Multiply Double Digits

1)
```
      6 1
  ×   1 6
  ─────────
  
+
  ─────────
```

2)
```
      6 9
  ×   3 4
  ─────────
  
+
  ─────────
```

3)
```
      6 5
  ×   1 1
  ─────────
  
+
  ─────────
```

4)
```
      5 9
  ×   3 9
  ─────────
  
+
  ─────────
```

5)
```
      5 3
  ×   1 8
  ─────────
  
+
  ─────────
```

6)
```
      6 6
  ×   1 5
  ─────────
  
+
  ─────────
```

Let's Multiply Double Digits

1)
```
      6 1
  ×   4 5
  -------
```

2)
```
      9 1
  ×   1 2
  -------
```

3)
```
      5 4
  ×   4 6
  -------
```

4)
```
      9 1
  ×   3 9
  -------
```

5)
```
      9 7
  ×   1 9
  -------
```

6)
```
      5 3
  ×   2 0
  -------
```

Let's Multiply Double Digits

1) 89 × 34

2) 88 × 26

3) 85 × 33

4) 81 × 37

5) 93 × 39

6) 77 × 27

Let's Multiply Double Digits

1)
```
    9 6
  × 1 5
  -----
```

2)
```
    6 1
  × 1 7
  -----
```

3)
```
    6 7
  × 2 3
  -----
```

4)
```
    6 8
  × 1 5
  -----
```

5)
```
    5 0
  × 4 2
  -----
```

6)
```
    5 7
  × 1 1
  -----
```

Let's Multiply Double Digits

1) 85 × 50

2) 94 × 20

3) 73 × 20

4) 98 × 48

5) 66 × 41

6) 53 × 12

Page 38

Let's Multiply Double Digits

1) 67 × 41

2) 71 × 35

3) 65 × 17

4) 80 × 31

5) 60 × 48

6) 57 × 36

Page 39

Let's Time It!

1)
$$\begin{array}{r} 59 \\ \times\ 10 \\ \hline \end{array}$$

2)
$$\begin{array}{r} 81 \\ \times\ 11 \\ \hline \end{array}$$

3)
$$\begin{array}{r} 91 \\ \times\ 29 \\ \hline \end{array}$$

4)
$$\begin{array}{r} 76 \\ \times\ 31 \\ \hline \end{array}$$

5)
$$\begin{array}{r} 98 \\ \times\ 41 \\ \hline \end{array}$$

6)
$$\begin{array}{r} 58 \\ \times\ 26 \\ \hline \end{array}$$

Let's Multiply Double Digits

1)
```
      5 5
  ×   5 0
  _____
```

2)
```
      7 4
  ×   5 0
  _____
```

3)
```
      6 8
  ×   2 3
  _____
```

4)
```
      9 4
  ×   1 2
  _____
```

5)
```
      7 9
  ×   3 4
  _____
```

6)
```
      8 5
  ×   4 9
  _____
```

Let's Multiply Double Digits

1) 88 × 10

2) 69 × 46

3) 58 × 25

4) 80 × 44

5) 97 × 41

6) 51 × 37

Let's Multiply Double Digits

1)
```
      7 4
  ×   2 7
  ─────────
+
```

2)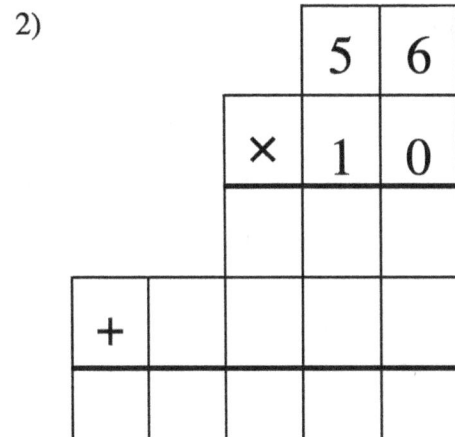

3)
```
      8 4
  ×   1 2
  ─────────
+
```

4)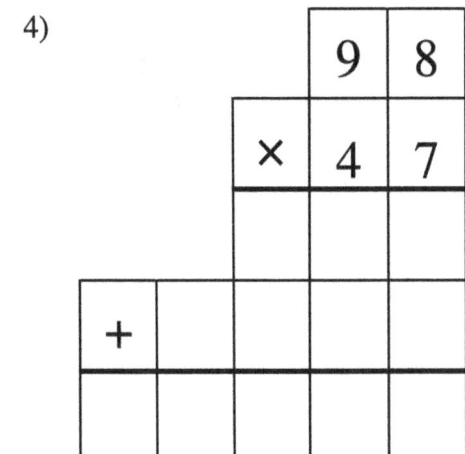

5)
```
      5 7
  ×   4 8
  ─────────
+
```

6)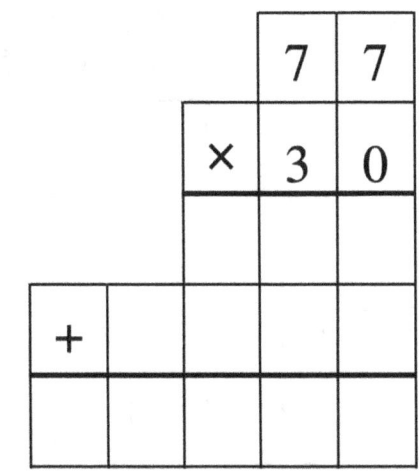

Page 43

Let's Multiply Double Digits

1) 52 × 30

2) 72 × 49

3) 91 × 16

4) 84 × 31

5) 59 × 18

6) 55 × 44

Let's Multiply Double Digits

1)
```
      9 4
  ×   3 9
  -------
```

2)
```
      9 3
  ×   1 2
  -------
```

3)
```
      6 5
  ×   2 6
  -------
```

4)
```
      8 1
  ×   4 2
  -------
```

5)
```
      8 9
  ×   2 7
  -------
```

6)
```
      8 3
  ×   3 2
  -------
```

Page 45

Let's Multiply Double Digits

1) 93 × 24

2) 88 × 35

3) 76 × 50

4) 72 × 11

5) 58 × 15

6) 94 × 13

Let's Multiply Double Digits

1) 59 × 42

2) 82 × 48

3) 66 × 28

4) 78 × 42

5) 65 × 21

6) 76 × 26

Let's Multiply Double Digits

1) 60 × 50

2) 86 × 46

3) 64 × 32

4) 55 × 46

5) 81 × 17

6) 73 × 16

Let's Multiply Double Digits

1)   5 1
    × 1 1

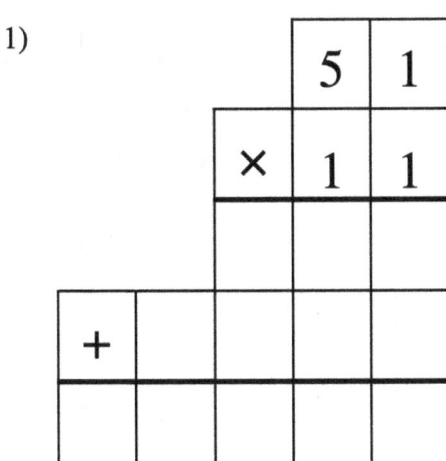

3)   5 3
    × 3 1

4)   9 2
    × 3 0

5)   7 8
    × 1 2

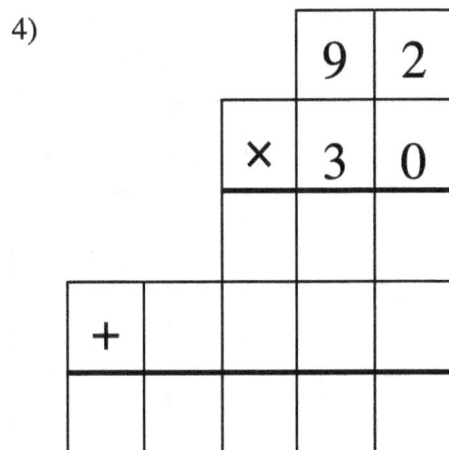

Time: Let's Time It! /6

1)
$$\begin{array}{r} 86 \\ \times\ 47 \\ \hline \\ + \\ \hline \end{array}$$

2)
$$\begin{array}{r} 97 \\ \times\ 20 \\ \hline \\ + \\ \hline \end{array}$$

3)
$$\begin{array}{r} 95 \\ \times\ 48 \\ \hline \\ + \\ \hline \end{array}$$

4)
$$\begin{array}{r} 81 \\ \times\ 35 \\ \hline \\ + \\ \hline \end{array}$$

5)
$$\begin{array}{r} 97 \\ \times\ 36 \\ \hline \\ + \\ \hline \end{array}$$

6)
$$\begin{array}{r} 76 \\ \times\ 23 \\ \hline \\ + \\ \hline \end{array}$$

Let's Multiply Double Digits

1)
```
      6 5
  ×   3 3
```

2)
```
      5 3
  ×   2 0
```

3)
```
      5 1
  ×   3 7
```

4)
```
      6 7
  ×   4 1
```

5)
```
      6 7
  ×   4 9
```

6)
```
      5 0
  ×   4 2
```

Let's Multiply Double Digits

1)
```
      6 4
   ×  4 8
```

2)
```
      5 0
   ×  2 5
```

3)
```
      7 9
   ×  2 0
```

4)
```
      8 2
   ×  3 8
```

5)
```
      6 3
   ×  1 0
```

6)
```
      7 2
   ×  3 2
```

Let's Multiply Double Digits

1)
```
      8 6
  ×   4 3
```

2)
```
      5 2
  ×   4 0
```

3)
```
      7 2
  ×   1 8
```

4)
```
      9 1
  ×   2 0
```

5)
```
      7 0
  ×   3 6
```

6)
```
      8 7
  ×   2 3
```

Let's Multiply Double Digits

1)
```
      8 8
    × 3 1
    -----
  +
    -----
```

2)
```
      6 8
    × 3 8
    -----
  +
    -----
```

3)
```
      6 0
    × 4 7
    -----
  +
    -----
```

4)
```
      9 0
    × 2 0
    -----
  +
    -----
```

5)
```
      7 7
    × 3 8
    -----
  +
    -----
```

6)
```
      5 6
    × 2 3
    -----
  +
    -----
```

Page 54

Let's Multiply Double Digits

1) 51 × 27

2) 66 × 10

3) 78 × 32

4) 63 × 42

5) 94 × 24

6) 54 × 16

Page 55

Let's Multiply Double Digits

1) 80 × 13

2) 71 × 11

3) 69 × 36

4) 71 × 45

5) 79 × 10

6) 60 × 36

Page 56

Let's Multiply Double Digits

1)
```
      9 0
  ×   1 2
  ─────────
```

2)
```
      6 7
  ×   4 2
  ─────────
```

3)
```
      6 7
  ×   1 5
  ─────────
```

4)
```
      8 2
  ×   1 8
  ─────────
```

5)
```
      7 3
  ×   3 0
  ─────────
```

6)
```
      8 0
  ×   4 6
  ─────────
```

Let's Multiply Double Digits

1)
```
      7 3
　×   4 1
```

2)
```
      7 1
　×   1 6
```

3)
```
      6 7
　×   2 2
```

4)
```
      9 0
　×   4 5
```

5)
```
      6 2
　×   1 2
```

6)
```
      9 8
　×   1 5
```

Let's Multiply Double Digits

1)
```
      5 3
    × 4 6
    -----
    
  +
    -----
```

2)
```
      8 6
    × 4 8
    -----
    
  +
    -----
```

3)
```
      5 1
    × 4 8
    -----
    
  +
    -----
```

4)
```
      9 9
    × 2 3
    -----
    
  +
    -----
```

5)
```
      7 3
    × 3 9
    -----
    
  +
    -----
```

6)
```
      6 5
    × 4 9
    -----
    
  +
    -----
```

Let's Time It!

1)   72 × 15

2)   85 × 29

3)   56 × 39

4)   75 × 19

5)   54 × 10

6)   75 × 34

Let's Multiply Double Digits

1)

```
        5 4
    ×   4 8
    ─────────
```

2)

```
        8 4
    ×   3 1
    ─────────
```

3)

```
        8 6
    ×   4 4
    ─────────
```

4)

```
        7 5
    ×   1 9
    ─────────
```

5)

```
        9 4
    ×   4 0
    ─────────
```

6)

```
        8 9
    ×   2 5
    ─────────
```

Let's Multiply Double Digits

1) 80 × 11

2) 75 × 42

3) 54 × 50

4) 51 × 29

5) 51 × 26

6) 84 × 32

Let's Multiply Double Digits

1) 79 × 18

2) 71 × 33

3) 68 × 41

4) 51 × 41

5) 78 × 18

6) 85 × 13

Let's Multiply Double Digits

1) 73 × 28

2) 77 × 41

3) 53 × 30

4) 59 × 15

5) 68 × 38

6) 88 × 21

Let's Multiply Double Digits

1)   96 × 19

2)   96 × 26

3)   57 × 40

4)   87 × 42

5)   96 × 20

6)   65 × 43

Let's Multiply Double Digits

1)   6 3
   × 2 4

2)   5 9
   × 4 5

3)   6 6
   × 1 9

4)   5 7
   × 4 4

5)   7 3
   × 3 5

6)   6 7
   × 2 3

Let's Multiply Double Digits

1)
```
      8 4
　×　3 5
　─────
```

2)
```
      6 2
　×　4 5
　─────
```

3)
```
      6 6
　×　3 1
　─────
```

4)
```
      8 3
　×　1 7
　─────
```

5)
```
      5 7
　×　1 9
　─────
```

6)
```
      8 7
　×　4 8
　─────
```

Page 67

Let's Multiply Double Digits

1)

```
      8 1
  ×   3 2
  ─────────
  
+
  ─────────
```

2)

```
      7 2
  ×   1 6
  ─────────
  
+
  ─────────
```

3)

```
      5 5
  ×   3 1
  ─────────
  
+
  ─────────
```

4)

```
      6 9
  ×   1 9
  ─────────
  
+
  ─────────
```

5)

```
      7 5
  ×   2 1
  ─────────
  
+
  ─────────
```

6)

```
      8 1
  ×   4 5
  ─────────
  
+
  ─────────
```

Let's Multiply Double Digits

1)
```
      5 1
    × 3 0
    -----
```

2)
```
      7 5
    × 4 1
    -----
```

3)
```
      8 0
    × 4 4
    -----
```

4)
```
      8 1
    × 1 6
    -----
```

5)
```
      8 2
    × 3 6
    -----
```

6)
```
      6 3
    × 3 0
    -----
```

Let's Time It!   /6

1) 60 × 43

2) 98 × 39

3) 72 × 47

4) 83 × 23

5) 95 × 20

6) 61 × 13

Let's Multiply Double Digits

1)
```
      8 3
　×　4 2
　─────
```

2)
```
      9 3
　×　3 0
　─────
```

3)
```
      5 5
　×　3 4
　─────
```

4)
```
      8 9
　×　3 6
　─────
```

5)
```
      8 9
　×　1 8
　─────
```

6)
```
      7 5
　×　1 3
　─────
```

Let's Multiply Double Digits

1)
```
      5 0
　×  1 6
　─────
```

2)
```
      5 3
　×  3 5
　─────
```

3)
```
      8 8
　×  2 9
　─────
```

4)
```
      9 8
　×  4 9
　─────
```

5)
```
      9 7
　×  3 7
　─────
```

6)
```
      7 2
　×  2 0
　─────
```

Let's Multiply Double Digits

1)
```
      5 5
  ×   2 2
  _____
```

2)
```
      7 8
  ×   3 5
  _____
```

3)
```
      9 6
  ×   1 1
  _____
```

4)
```
      8 0
  ×   2 2
  _____
```

5)
```
      9 5
  ×   2 9
  _____
```

6)
```
      6 5
  ×   4 4
  _____
```

Page 73

Let's Multiply Double Digits

1)
```
     6 1
  ×  4 4
  -------
```

2)
```
     7 5
  ×  1 7
  -------
```

3)
```
     7 7
  ×  4 6
  -------
```

4)
```
     7 4
  ×  1 0
  -------
```

5)
```
     7 8
  ×  3 4
  -------
```

6)
```
     5 4
  ×  2 3
  -------
```

Let's Multiply Double Digits

1)

```
      8 0
  ×   3 2
  ─────────
  
+
  ─────────
```

2)

```
      5 3
  ×   1 1
  ─────────
  
+
  ─────────
```

3)

```
      6 5
  ×   1 2
  ─────────
  
+
  ─────────
```

4)

```
      8 1
  ×   4 4
  ─────────
  
+
  ─────────
```

5)

```
      6 0
  ×   1 6
  ─────────
  
+
  ─────────
```

6)

```
      8 9
  ×   3 6
  ─────────
  
+
  ─────────
```

Let's Multiply Double Digits

1)   79
     ×   26

+

2)   67
     ×   34

+

3)   83
     ×   38

+

4)   86
     ×   24

+

5)   88
     ×   38

+

6)   54
     ×   23

+

Let's Multiply Double Digits

1)   88 × 37

2)   61 × 26

3)   81 × 11

4)   73 × 21

5)   71 × 38

6)   96 × 11

Let's Multiply Double Digits

1)   79
    × 26

2)   74
    × 14

3)   79
    × 48

4)   70
    × 20

5)   58
    × 44

6)   94
    × 18

Let's Multiply Double Digits

1)
```
      5 3
  ×   1 5
  -------
```

2)
```
      8 4
  ×   3 2
  -------
```

3)
```
      9 4
  ×   3 6
  -------
```

4)
```
      8 8
  ×   4 2
  -------
```

5)
```
      8 9
  ×   3 9
  -------
```

6)
```
      6 4
  ×   3 9
  -------
```

Let's Time It!

1)
```
       6 5
    ×  4 8
    _____
```

2)
```
       5 7
    ×  3 5
    _____
```

3)
```
       7 2
    ×  4 4
    _____
```

4)
```
       6 3
    ×  2 6
    _____
```

5)
```
       6 0
    ×  1 6
    _____
```

6)
```
       9 3
    ×  4 9
    _____
```

Beyond Double Digits

1)

```
      2 9 2
  ×     2 0
  ─────────
+
  ─────────
```

2)

```
      3 9 7
  ×     7 7
  ─────────
+
  ─────────
```

3)

```
      2 9 2
  ×     4 4
  ─────────
+
  ─────────
```

4)

```
      7 1 5
  ×     1 4
  ─────────
+
  ─────────
```

5)

```
      2 0 3
  ×     3 9
  ─────────
+
  ─────────
```

6)

```
      6 3 3
  ×     1 8
  ─────────
+
  ─────────
```

Page 81

Beyond Double Digits

1)
```
      2 0 5
  ×     8 7
  ─────────
```

2)
```
      8 9 2
  ×     6 4
  ─────────
```

3)
```
      4 4 8
  ×     6 2
  ─────────
```

4)
```
      7 4 1
  ×     8 9
  ─────────
```

5)
```
      2 5 8
  ×     9 4
  ─────────
```

6)
```
      6 3 1
  ×     7 6
  ─────────
```

Beyond Double Digits

1)
```
      3 8 8
  ×     3 2
  ─────────
+
```

2)
```
      5 1 2
  ×     1 1
  ─────────
+
```

3)
```
      6 2 3
  ×     9 9
  ─────────
+
```

4)
```
      2 2 1
  ×     5 3
  ─────────
+
```

5)
```
      6 5 1
  ×     3 8
  ─────────
+
```

6)
```
      8 3 5
  ×     5 2
  ─────────
+
```

Beyond Double Digits

1) 386 × 80

2) 463 × 49

3) 213 × 22

4) 368 × 21

5) 365 × 29

6) 152 × 99

Beyond Double Digits

1)
```
      6 7 2
  ×     8 3
  ───────────
```

2)
```
      8 8 7
  ×     8 7
  ───────────
```

3)
```
      7 6 3
  ×     3 4
  ───────────
```

4)
```
      3 6 5
  ×     5 3
  ───────────
```

5)
```
      2 8 1
  ×     4 8
  ───────────
```

6)
```
      4 5 5
  ×     2 6
  ───────────
```

Beyond Double Digits

1)
```
      6 2 1
  ×     6 4
  _____
  
+
  _____
```

2)
```
      3 8 3
  ×     5 2
  _____
  
+
  _____
```

3)
```
      9 6 3
  ×     3 5
  _____
  
+
  _____
```

4)
```
      2 7 9
  ×     7 1
  _____
  
+
  _____
```

5)
```
      5 3 3
  ×     3 5
  _____
  
+
  _____
```

6)
```
      5 2 8
  ×     7 1
  _____
  
+
  _____
```

Beyond Double Digits

1)
```
      6 7 2
  ×     9 1
  ─────────
+
  ─────────
```

2)
```
      8 1 8
  ×     2 1
  ─────────
+
  ─────────
```

3)
```
      5 7 0
  ×     7 7
  ─────────
+
  ─────────
```

4)
```
      9 2 9
  ×     1 6
  ─────────
+
  ─────────
```

5)
```
      5 7 0
  ×     6 6
  ─────────
+
  ─────────
```

6)
```
      4 0 8
  ×     2 9
  ─────────
+
  ─────────
```

Beyond Double Digits

1)
```
      3 6 8
   ×    4 1
   ─────────
```

2)
```
      7 9 4
   ×    5 1
   ─────────
```

3)
```
      6 6 1
   ×    1 4
   ─────────
```

4)
```
      8 7 3
   ×    2 5
   ─────────
```

5)
```
      2 1 1
   ×    8 0
   ─────────
```

6)
```
      1 9 3
   ×    7 3
   ─────────
```

Beyond Double Digits

1)
```
      6 6 3
    ×   5 2
```

2)
```
      5 2 0
    ×   8 4
```

3)
```
      7 2 4
    ×   7 9
```

4)
```
      5 6 6
    ×   2 2
```

5)
```
      7 6 0
    ×   7 9
```

6)
```
      7 5 6
    ×   4 5
```

Page 89

Let's Time It!

1) 227 × 17

2) 313 × 16

3) 413 × 34

4) 336 × 54

5) 943 × 27

6) 606 × 68

Beyond Double Digits

1)
```
    8 1 4
  × 1 4 1
  -------
```

2)
```
    9 7 7
  × 2 7 7
  -------
```

3)
```
    6 2 4
  × 3 0 6
  -------
```

4)
```
    6 5 3
  × 2 0 5
  -------
```

5)
```
    8 7 3
  × 2 5 2
  -------
```

6)
```
    9 7 6
  × 1 1 1
  -------
```

Beyond Double Digits

1) 766 × 110

2) 633 × 470

3) 757 × 498

4) 931 × 302

5) 910 × 261

6) 833 × 113

Page 92

Beyond Double Digits

1)
```
      9 9 9
    × 1 4 0
    ───────
   +
    ───────
```

2)
```
      6 6 1
    × 1 3 9
    ───────
   +
    ───────
```

3)
```
      7 9 9
    × 3 9 6
    ───────
  +
    ───────
```

4)
```
      9 9 1
    × 1 6 2
    ───────
   +
    ───────
```

5)
```
      5 5 5
    × 2 7 2
    ───────
   +
    ───────
```

6)
```
      7 6 1
    × 4 3 7
    ───────
   +
    ───────
```

Page 93

Beyond Double Digits

1) 518 × 129

2) 886 × 313

3) 952 × 376

4) 856 × 250

5) 679 × 198

6) 708 × 203

Beyond Double Digits

1) 791 × 340

2) 508 × 244

3) 948 × 270

4) 894 × 318

5) 968 × 387

6) 827 × 376

Beyond Double Digits

1) 973 × 484

2) 773 × 285

3) 545 × 329

4) 523 × 466

5) 673 × 455

6) 535 × 218

Beyond Double Digits

1) 916 × 262

2) 723 × 292

3) 715 × 296

4) 815 × 309

5) 894 × 138

6) 986 × 435

Page 97

Beyond Double Digits

1) 587 × 216

2) 588 × 286

3) 633 × 169

4) 595 × 390

5) 755 × 456

6) 949 × 481

Beyond Double Digits

1)   6 2 8
       ×   2 5 6

2)   5 3 7
       ×   4 2 6

3)   7 6 2
       ×   2 8 1

4)   9 3 3
       ×   3 8 7

5)   7 2 8
       ×   4 2 5

6)   7 4 4
       ×   3 3 7

Page 99

Time: **Let's Time It!** /6

1) 565 × 338

2) 575 × 464

3) 856 × 365

4) 669 × 324

5) 686 × 325

6) 981 × 356

Solutions

Page 1
(1)0 (2)12 (3)0 (4)1 (5)0 (6)7 (7)0 (8)8 (9)0 (10)0 (11)4 (12)6 (13)0 (14)9 (15)0 (16)0 (17)11 (18)3 (19)8 (20)0 (21)0 (22)0 (23)0 (24)0 (25)2 (26)0 (27)0 (28)4 (29)0 (30)0 (31)0 (32)0 (33)0 (34)0 (35)0 (36)6 (37)3 (38)0 (39)0 (40)5 (41)0 (42)0 (43)1 (44)4 (45)0 (46)0 (47)0 (48)0 (49)4 (50)10 (51)0 (52)0 (53)0 (54)0 (55)12 (56)0 (57)2 (58)0 (59)0 (60)0

Page 2
(1)10 (2)16 (3)16 (4)4 (5)22 (6)6 (7)2 (8)20 (9)16 (10)20 (11)10 (12)4 (13)12 (14)6 (15)4 (16)20 (17)10 (18)6 (19)18 (20)10 (21)6 (22)4 (23)6 (24)22 (25)24 (26)22 (27)0 (28)20 (29)0 (30)20 (31)0 (32)18 (33)18 (34)16 (35)4 (36)6 (37)16 (38)4 (39)2 (40)6 (41)20 (42)4 (43)14 (44)20 (45)0 (46)10 (47)16 (48)14 (49)0 (50)6 (51)2 (52)14 (53)8 (54)24 (55)8 (56)22 (57)22 (58)6 (59)2 (60)4

Page 3
(1)12 (2)3 (3)27 (4)12 (5)33 (6)33 (7)18 (8)24 (9)0 (10)21 (11)3 (12)3 (13)12 (14)24 (15)33 (16)3 (17)21 (18)6 (19)24 (20)27 (21)3 (22)3 (23)33 (24)30 (25)0 (26)15 (27)18 (28)18 (29)24 (30)9 (31)24 (32)18 (33)0 (34)36 (35)12 (36)18 (37)36 (38)21 (39)21 (40)36 (41)3 (42)12 (43)15 (44)33 (45)3 (46)0 (47)6 (48)30 (49)6 (50)18 (51)12 (52)27 (53)27 (54)15 (55)3 (56)36 (57)15 (58)24 (59)15 (60)30

Page 4
(1)8 (2)32 (3)12 (4)36 (5)32 (6)36 (7)20 (8)44 (9)8 (10)28 (11)32 (12)8 (13)36 (14)16 (15)44 (16)24 (17)40 (18)48 (19)20 (20)40 (21)4 (22)4 (23)44 (24)12 (25)36 (26)0 (27)0 (28)28 (29)44 (30)28 (31)16 (32)4 (33)20 (34)20 (35)12 (36)44 (37)36 (38)4 (39)16 (40)8 (41)20 (42)24 (43)40 (44)40 (45)40 (46)40 (47)44 (48)12 (49)8 (50)20 (51)40 (52)36 (53)36 (54)32 (55)20 (56)24 (57)0 (58)4 (59)48 (60)32

Page 5
(1)30 (2)50 (3)55 (4)30 (5)25 (6)35 (7)40 (8)15 (9)40 (10)5 (11)40 (12)30 (13)10 (14)35 (15)50 (16)0 (17)0 (18)15 (19)25 (20)30 (21)45 (22)55 (23)60 (24)15 (25)60 (26)60 (27)40 (28)0 (29)45 (30)60 (31)30 (32)10 (33)10 (34)60 (35)40 (36)50 (37)55 (38)15 (39)40 (40)50 (41)10 (42)40 (43)20 (44)5 (45)5 (46)15 (47)25 (48)25 (49)45 (50)40 (51)45 (52)55 (53)45 (54)0 (55)20 (56)50 (57)60 (58)45 (59)5 (60)35

Page 6
(1)72 (2)6 (3)42 (4)42 (5)60 (6)18 (7)24 (8)66 (9)30 (10)42 (11)24 (12)72 (13)36 (14)60 (15)12 (16)72 (17)30 (18)30 (19)24 (20)72 (21)60 (22)60 (23)6 (24)24 (25)72 (26)72 (27)72 (28)42 (29)12 (30)36 (31)12 (32)72 (33)48 (34)30 (35)36 (36)42 (37)60 (38)36 (39)60 (40)48 (41)66 (42)54 (43)12 (44)0 (45)18 (46)54 (47)42 (48)0 (49)54 (50)6 (51)60 (52)72 (53)0 (54)36 (55)42 (56)30 (57)54 (58)12 (59)1 (60)72

Page 7
(1)0 (2)70 (3)14 (4)49 (5)49 (6)70 (7)35 (8)0 (9)84 (10)7 (11)70 (12)49 (13)21 (14)56 (15)49 (16)0 (17)21 (18)49 (19)63 (20)84 (21)0 (22)63 (23)28 (24)7 (25)77 (26)77 (27)42 (28)77 (29)42 (30)63 (31)63 (32)7 (33)84 (34)84 (35)28 (36)0 (37)84 (38)28 (39)49 (40)14 (41)14 (42)63 (43)35 (44)77 (45)84 (46)70 (47)7 (48)63 (49)49 (50)42 (51)77 (52)7 (53)21 (54)84 (55)42 (56)28 (57)84 (58)77 (59)77 (60)56

Solutions

Page 8
(1)80 (2)80 (3)8 (4)96 (5)8 (6)48 (7)64 (8)24 (9)96 (10)24 (11)16 (12)16 (13)32 (14)88 (15)48 (16)56 (17)56 (18)40 (19)56 (20)48 (21)0 (22)96 (23)8 (24)32 (25)16 (26)56 (27)72 (28)32 (29)64 (30)24 (31)48 (32)72 (33)88 (34)88 (35)48 (36)88 (37)72 (38)0 (39)24 (40)32 (41)32 (42)56 (43)40 (44)56 (45)40 (46)48 (47)72 (48)0 (49)40 (50)48 (51)56 (52)40 (53)24 (54)0 (55)48 (56)56 (57)96 (58)16 (59)72 (60)40

Page 9
(1)9 (2)27 (3)54 (4)63 (5)54 (6)99 (7)27 (8)0 (9)45 (10)54 (11)54 (12)108 (13)0 (14)0 (15)0 (16)63 (17)36 (18)108 (19)108 (20)108 (21)72 (22)0 (23)9 (24)90 (25)18 (26)72 (27)108 (28)90 (29)90 (30)108 (31)27 (32)99 (33)45 (34)27 (35)9 (36)0 (37)90 (38)45 (39)45 (40)108 (41)36 (42)18 (43)18 (44)54 (45)27 (46)18 (47)0 (48)99 (49)90 (50)45 (51)63 (52)81 (53)99 (54)9 (55)99 (56)0 (57)36 (58)108 (59)0 (60)18

Page 10
(1)70 (2)50 (3)30 (4)30 (5)50 (6)100 (7)30 (8)80 (9)90 (10)90 (11)80 (12)40 (13)80 (14)100 (15)40 (16)70 (17)70 (18)20 (19)90 (20)60 (21)70 (22)100 (23)40 (24)0 (25)50 (26)70 (27)40 (28)10 (29)0 (30)100 (31)90 (32)70 (33)100 (34)10 (35)20 (36)100 (37)100 (38)70 (39)80 (40)80 (41)30 (42)60 (43)60 (44)70 (45)10 (46)80 (47)0 (48)60 (49)50 (50)100 (51)30 (52)10 (53)30 (54)60 (55)100 (56)100 (57)10 (58)80 (59)90 (60)10

Page 11
(1)66 (2)121 (3)55 (4)22 (5)11 (6)66 (7)11 (8)66 (9)66 (10)77 (11)0 (12)11 (13)11 (14)77 (15)110 (16)22 (17)88 (18)22 (19)110 (20)110 (21)44 (22)0 (23)66 (24)11 (25)33 (26)0 (27)121 (28)110 (29)44 (30)121 (31)33 (32)66 (33)99 (34)55 (35)33 (36)33 (37)22 (38)33 (39)121 (40)121 (41)77 (42)77 (43)88 (44)66 (45)55 (46)66 (47)77 (48)77 (49)11 (50)66 (51)110 (52)44 (53)110 (54)22 (55)77 (56)88 (57)44 (58)11 (59)88 (60)22

Page 12
(1)48 (2)108 (3)108 (4)96 (5)132 (6)120 (7)48 (8)132 (9)72 (10)132 (11)72 (12)24 (13)108 (14)36 (15)120 (16)60 (17)84 (18)108 (19)36 (20)48 (21)0 (22)0 (23)144 (24)0 (25)24 (26)96 (27)84 (28)132 (29)0 (30)48 (31)0 (32)36 (33)36 (34)120 (35)0 (36)144 (37)120 (38)120 (39)84 (40)144 (41)60 (42)60 (43)132 (44)96 (45)72 (46)108 (47)12 (48)120 (49)24 (50)144 (51)12 (52)120 (53)84 (54)72 (55)96 (56)96 (57)84 (58)48 (59)36 (60)0

Page 13
(1)40 (2)0 (3)14 (4)35 (5)18 (6)0 (7)9 (8)12 (9)24 (10)30 (11)44 (12)40 (13)48 (14)0 (15)36 (16)36 (17)0 (18)48 (19)99 (20)0 (21)44 (22)0 (23)18 (24)9 (25)12 (26)0 (27)72 (28)0 (29)42 (30)0 (31)84 (32)18 (33)63 (34)6 (35)15 (36)40 (37)30 (38)49 (39)24 (40)0 (41)28 (42)99 (43)20 (44)33 (45)6 (46)30 (47)108 (48)0 (49)0 (50)99 (51)2 (52)9 (53)48 (54)32 (55)22 (56)14 (57)42 (58)0 (59)0 (60)28

Page 14
(1)18 (2)0 (3)10 (4)4 (5)12 (6)72 (7)0 (8)0 (9)5 (10)8 (11)0 (12)44 (13)21 (14)0 (15)0 (16)4 (17)12 (18)22 (19)14 (20)80 (21)60 (22)24 (23)0 (24)4 (25)0 (26)36 (27)49 (28)0 (29)5 (30)36 (31)48 (32)0 (33)55 (34)54 (35)24 (36)6 (37)16 (38)18 (39)12 (40)4 (41)99 (42)12 (43)24 (44)2 (45)48 (46)72 (47)54 (48)32 (49)33 (50)35 (51)6 (52)0 (53)63 (54)22 (55)0 (56)12 (57)4 (58)56 (59)0 (60)45

Solutions

Page 15
(1)24 (2)40 (3)36 (4)0 (5)0 (6)55 (7)12 (8)22 (9)7 (10)64 (11)36 (12)28 (13)9 (14)20 (15)50 (16)66 (17)0 (18)55 (19)56 (20)50 (21)55 (22)54 (23)20 (24)33 (25)36 (26)0 (27)0 (28)27 (29)16 (30)8 (31)28 (32)32 (33)18 (34)44 (35)72 (36)63 (37)20 (38)4 (39)55 (40)12 (41)0 (42)55 (43)36 (44)45 (45)24 (46)18 (47)0 (48)0 (49)90 (50)27 (51)64 (52)0 (53)6 (54)0 (55)24 (56)18 (57)32 (58)20 (59)48 (60)96

Page 16
(1)42 (2)45 (3)64 (4)9 (5)54 (6)20 (7)4 (8)35 (9)55 (10)20 (11)9 (12)24 (13)54 (14)55 (15)80 (16)30 (17)0 (18)7 (19)0 (20)6 (21)27 (22)72 (23)27 (24)12 (25)12 (26)10 (27)99 (28)0 (29)3 (30)4 (31)48 (32)16 (33)30 (34)6 (35)9 (36)60 (37)63 (38)0 (39)36 (40)20 (41)0 (42)40 (43)10 (44)48 (45)0 (46)2 (47)5 (48)10 (49)0 (50)20 (51)70 (52)0 (53)8 (54)16 (55)12 (56)3 (57)36 (58)0 (59)24 (60)25

Page 17
(1)72 (2)18 (3)0 (4)18 (5)0 (6)12 (7)108 (8)6 (9)14 (10)48 (11)24 (12)7 (13)15 (14)8 (15)6 (16)0 (17)36 (18)15 (19)20 (20)108 (21)9 (22)54 (23)84 (24)0 (25)0 (26)96 (27)1 (28)0 (29)77 (30)25 (31)4 (32)18 (33)9 (34)90 (35)0 (36)64 (37)54 (38)55 (39)30 (40)28 (41)0 (42)28 (43)5 (44)45 (45)0 (46)18 (47)24 (48)63 (49)14 (50)77 (51)0 (52)0 (53)24 (54)55 (55)36 (56)0 (57)30 (58)45 (59)0 (60)12

Page 18
(1)63 (2)28 (3)0 (4)36 (5)64 (6)0 (7)27 (8)72 (9)10 (10)5 (11)3 (12)14 (13)63 (14)27 (15)0 (16)72 (17)12 (18)40 (19)12 (20)56 (21)4 (22)16 (23)4 (24)4 (25)3 (26)20 (27)80 (28)63 (29)27 (30)0 (31)88 (32)20 (33)14 (34)40 (35)30 (36)20 (37)7 (38)6 (39)60 (40)24 (41)24 (42)48 (43)6 (44)40 (45)5 (46)90 (47)8 (48)99 (49)14 (50)77 (51)7 (52)30 (53)0 (54)0 (55)72 (56)0 (57)4 (58)12 (59)1 (60)0

Page 19
(1)7 (2)72 (3)0 (4)1 (5)10 (6)0 (7)20 (8)60 (9)48 (10)21 (11)80 (12)0 (13)99 (14)12 (15)77 (16)48 (17)10 (18)7 (19)18 (20)8 (21)50 (22)6 (23)15 (24)0 (25)18 (26)9 (27)0 (28)12 (29)36 (30)4 (31)21 (32)0 (33)10 (34)33 (35)0 (36)40 (37)0 (38)42 (39)25 (40)21 (41)0 (42)30 (43)14 (44)6 (45)72 (46)3 (47)15 (48)40 (49)12 (50)24 (51)27 (52)10 (53)24 (54)66 (55)4 (56)10 (57)32 (58)64 (59)0 (60)60

Page 20
(1)24 (2)4 (3)32 (4)11 (5)14 (6)96 (7)14 (8)0 (9)40 (10)81 (11)40 (12)28 (13)35 (14)24 (15)0 (16)20 (17)30 (18)20 (19)72 (20)5 (21)12 (22)0 (23)63 (24)0 (25)6 (26)6 (27)42 (28)8 (29)16 (30)21 (31)35 (32)35 (33)66 (34)3 (35)8 (36)20 (37)84 (38)21 (39)24 (40)0 (41)0 (42)24 (43)35 (44)6 (45)0 (46)8 (47)0 (48)0 (49)36 (50)40 (51)0 (52)30 (53)30 (54)0 (55)27 (56)45 (57)81 (58)14 (59)6 (60)63

Page 21
(1)595 (2)192 (3)216 (4)267 (5)176 (6)220 (7)65 (8)376 (9)680 (10)89 (11)213 (12)304 (13)25 (14)189 (15)272 (16)644 (17)609 (18)468 (19)819 (20)86 (21)258 (22)26 (23)567 (24)154 (25)496 (26)392 (27)800 (28)711 (29)145 (30)108 (31)322 (32)210 (33)90 (34)49 (35)58 (36)102 (37)497 (38)560 (39)185 (40)132

Page 22
(1)87 (2)252 (3)237 (4)568 (5)51 (6)106 (7)522 (8)423 (9)156 (10)252 (11)774 (12)310 (13)420 (14)33 (15)504 (16)891 (17)306 (18)96 (19)648 (20)980 (21)276 (22)441 (23)245 (24)637 (25)513 (26)584 (27)621 (28)416 (29)138 (30)47 (31)243 (32)69 (33)648 (34)600 (35)224 (36)540 (37)160 (38)399 (39)160 (40)246

Solutions

Page 23
(1)216 (2)44 (3)380 (4)128 (5)408 (6)195 (7)354 (8)711 (9)112 (10)159 (11)94 (12)530 (13)192 (14)111 (15)352 (16)525 (17)31 (18)528 (19)130 (20)534 (21)14 (22)68 (23)333 (24)276 (25)182 (26)180 (27)69 (28)324 (29)170 (30)304 (31)445 (32)154 (33)336 (34)328 (35)22 (36)285 (37)147 (38)108 (39)240 (40)616

Page 24
(1)43 (2)68 (3)240 (4)410 (5)532 (6)201 (7)104 (8)36 (9)252 (10)66 (11)450 (12)130 (13)310 (14)372 (15)196 (16)864 (17)120 (18)670 (19)511 (20)159 (21)176 (22)513 (23)230 (24)39 (25)783 (26)365 (27)132 (28)435 (29)315 (30)195 (31)470 (32)632 (33)497 (34)198 (35)132 (36)702 (37)435 (38)485 (39)14 (40)200

Page 25
(1)390 (2)96 (3)910 (4)728 (5)588 (6)644 (7)390 (8)475 (9)168 (10)68 (11)320 (12)244 (13)74 (14)272 (15)44 (16)384 (17)300 (18)315 (19)80 (20)108 (21)305 (22)15 (23)504 (24)61 (25)48 (26)72 (27)768 (28)28 (29)640 (30)384 (31)180 (32)644 (33)185 (34)344 (35)180 (36)90 (37)455 (38)486 (39)180 (40)112

Page 26
(1)128 (2)348 (3)73 (4)142 (5)224 (6)42 (7)77 (8)264 (9)770 (10)256 (11)234 (12)140 (13)198 (14)290 (15)280 (16)294 (17)570 (18)236 (19)96 (20)14 (21)36 (22)38 (23)156 (24)52 (25)208 (26)400 (27)324 (28)810 (29)60 (30)264 (31)48 (32)413 (33)123 (34)294 (35)432 (36)153 (37)140 (38)512 (39)720 (40)324

Page 27
(1)738 (2)198 (3)560 (4)196 (5)87 (6)92 (7)110 (8)660 (9)80 (10)315 (11)140 (12)140 (13)160 (14)81 (15)192 (16)172 (17)728 (18)910 (19)469 (20)261 (21)71 (22)792 (23)469 (24)480 (25)216 (26)592 (27)96 (28)100 (29)590 (30)50 (31)783 (32)292 (33)752 (34)132 (35)90 (36)574 (37)162 (38)760 (39)140 (40)616

Page 28
(1)108 (2)511 (3)98 (4)10 (5)228 (6)84 (7)66 (8)45 (9)68 (10)680 (11)168 (12)11 (13)153 (14)270 (15)273 (16)55 (17)396 (18)88 (19)200 (20)476 (21)240 (22)396 (23)343 (24)48 (25)343 (26)150 (27)47 (28)616 (29)102 (30)275 (31)52 (32)156 (33)637 (34)140 (35)260 (36)522 (37)790 (38)264 (39)144 (40)268

Page 29
(1)720 (2)539 (3)133 (4)210 (5)264 (6)469 (7)192 (8)36 (9)474 (10)65 (11)96 (12)378 (13)846 (14)350 (15)475 (16)82 (17)67 (18)172 (19)144 (20)244 (21)171 (22)470 (23)144 (24)297 (25)300 (26)522 (27)147 (28)52 (29)356 (30)66 (31)291 (32)416 (33)648 (34)67 (35)186 (36)46 (37)108 (38)294 (39)88 (40)42

Page 30
(1)365 (2)212 (3)200 (4)440 (5)69 (6)780 (7)830 (8)70 (9)94 (10)860 (11)28 (12)90 (13)264 (14)249 (15)252 (16)95 (17)208 (18)42 (19)855 (20)171 (21)200 (22)392 (23)364 (24)462 (25)188 (26)22 (27)335 (28)336 (29)564 (30)294 (31)66 (32)32 (33)399 (34)616 (35)670 (36)117 (37)96 (38)216 (39)600 (40)280

Solutions

Page 31, Item 1:

Page 32, Item 1: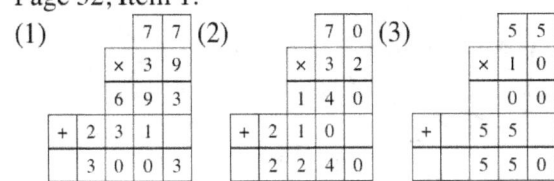

Page 33, Item 1: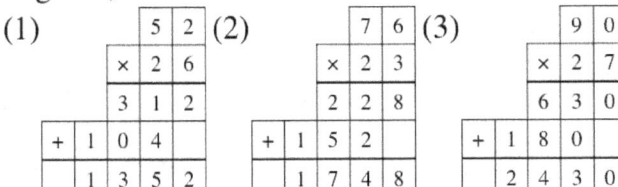

Page 34, Item 1: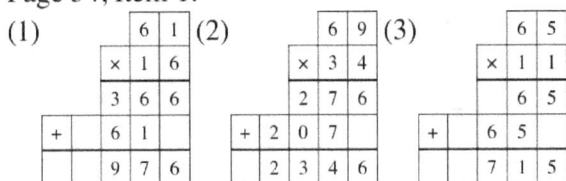

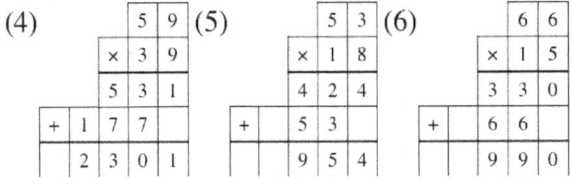

Page 35, Item 1: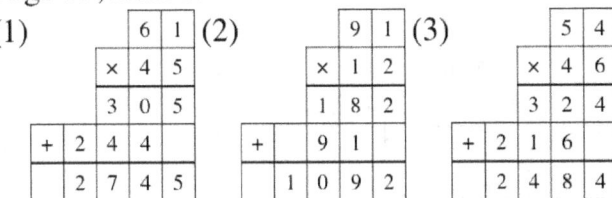

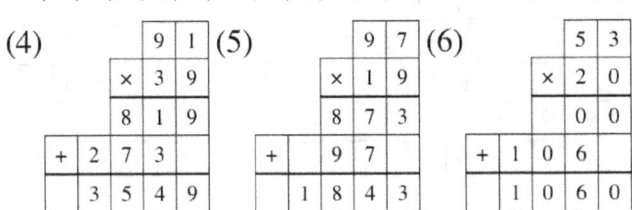

Page 36, Item 1: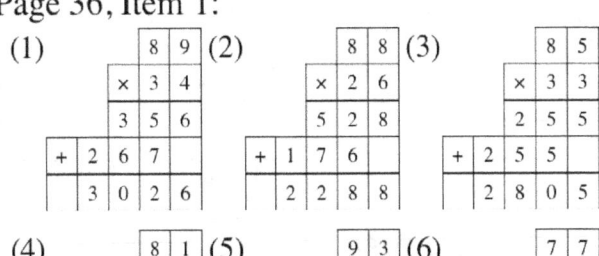

Solutions

Page 37, Item 1:

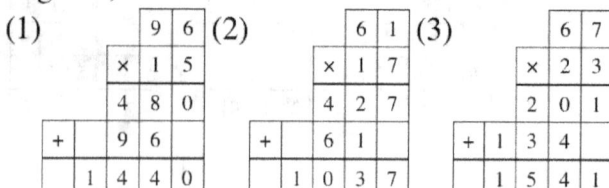

Page 38, Item 1:

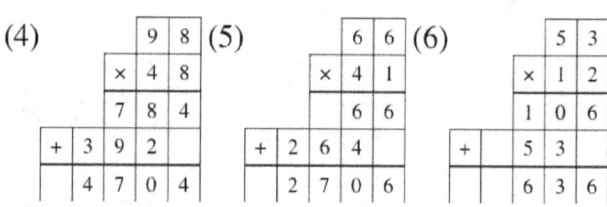

Page 39, Item 1:

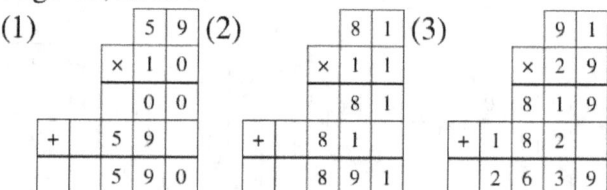

Page 40, Item 1:

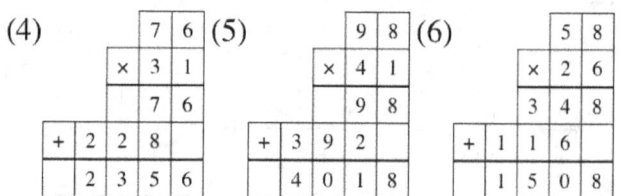

Page 41, Item 1:

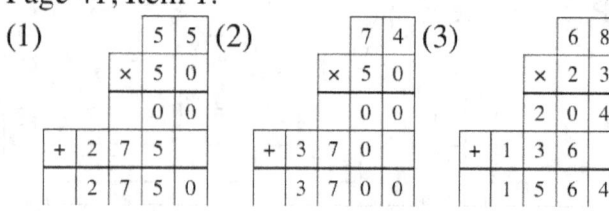

Page 42, Item 1:

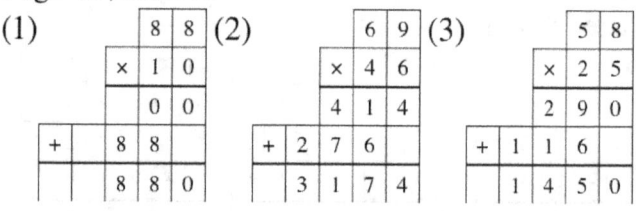

Solutions

Page 43, Item 1:

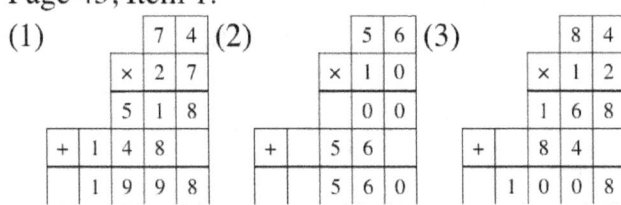

Page 44, Item 1:

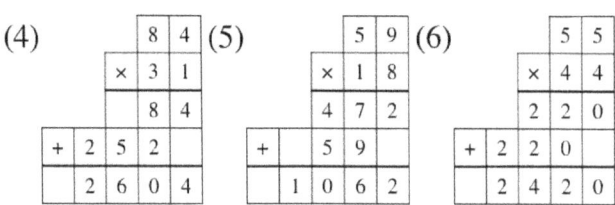

Page 45, Item 1:

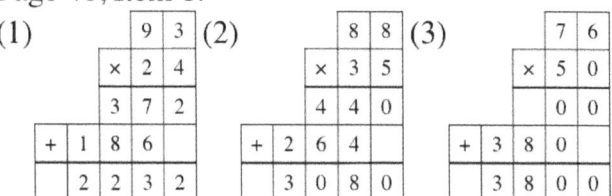

Page 46, Item 1:

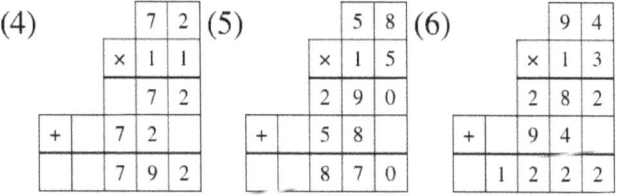

Page 47, Item 1:

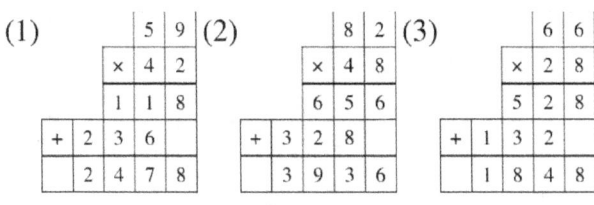

Page 48, Item 1:

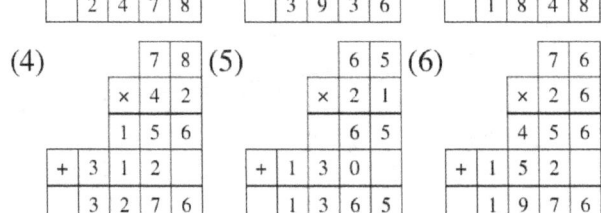

Solutions

Page 49, Item 1:

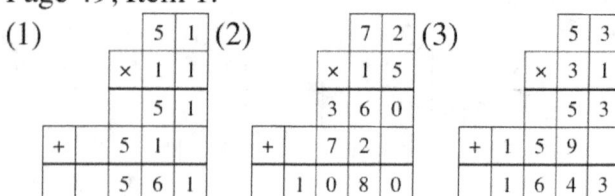

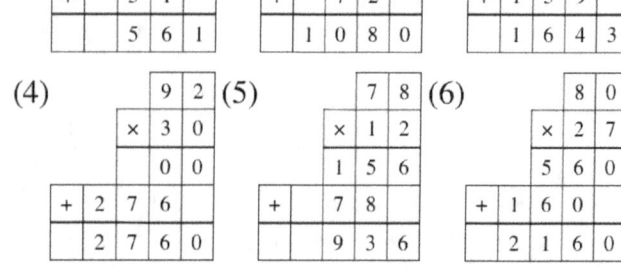

Page 50, Item 1:

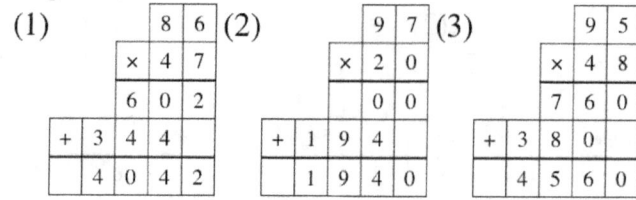

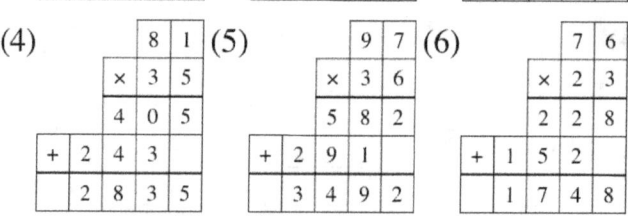

Page 51, Item 1:

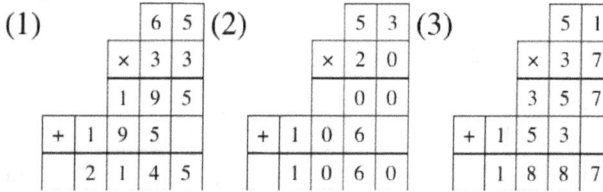

Page 52, Item 1:

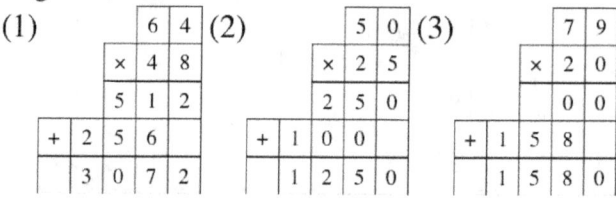

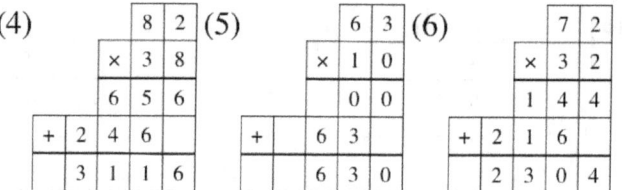

Page 53, Item 1:

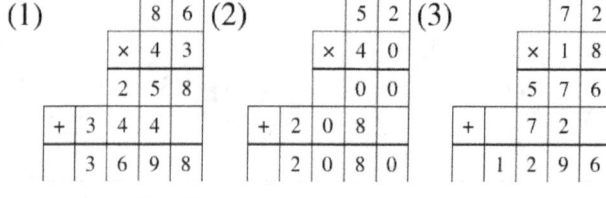

Page 54, Item 1:

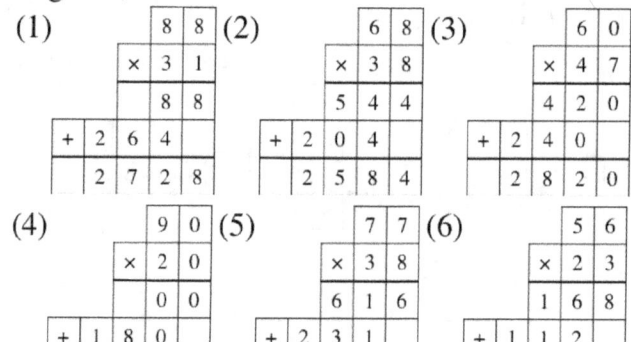

Solutions

Page 55, Item 1:

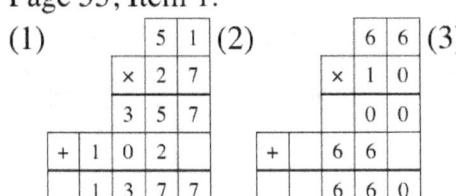

Page 56, Item 1:

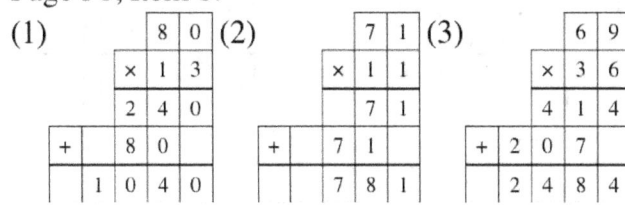

Page 57, Item 1:

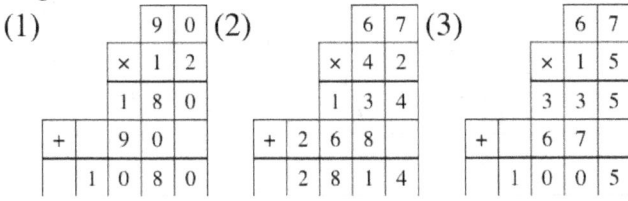

Page 58, Item 1:

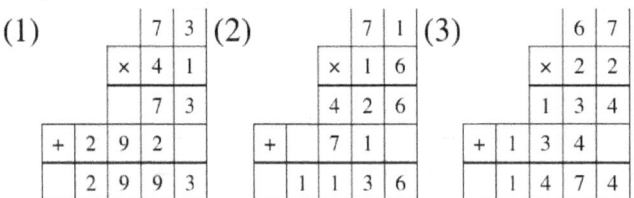

Page 59, Item 1:

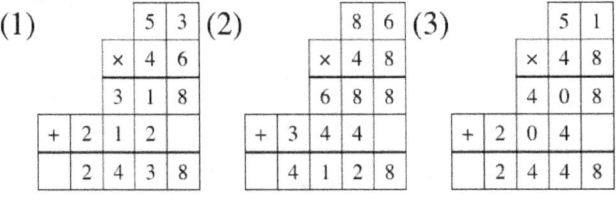

Page 60, Item 1:

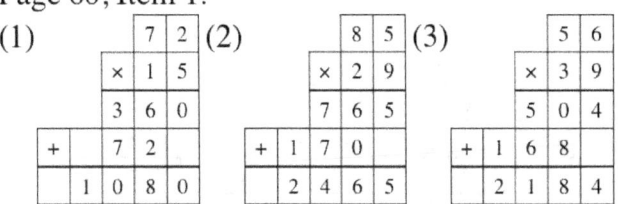

Solutions

Page 61, Item 1:

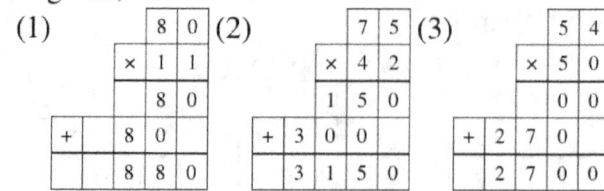

Page 62, Item 1:

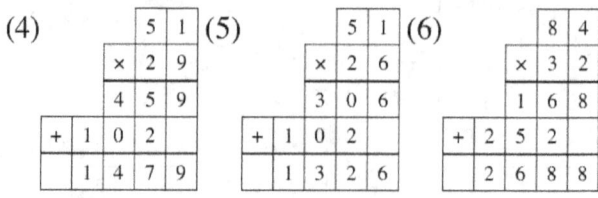

Page 63, Item 1:

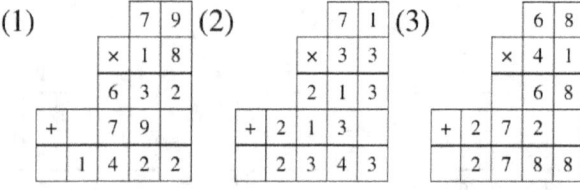

Page 64, Item 1:

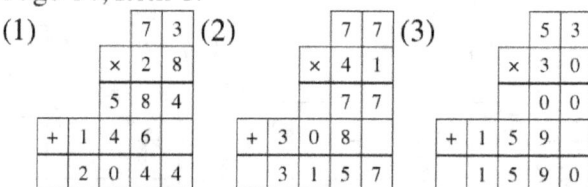

Page 65, Item 1:

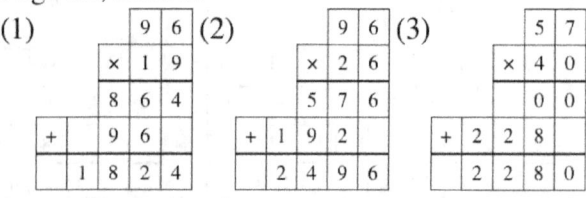

Page 66, Item 1:

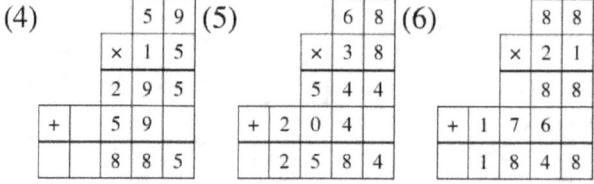

Solutions

Page 67, Item 1:

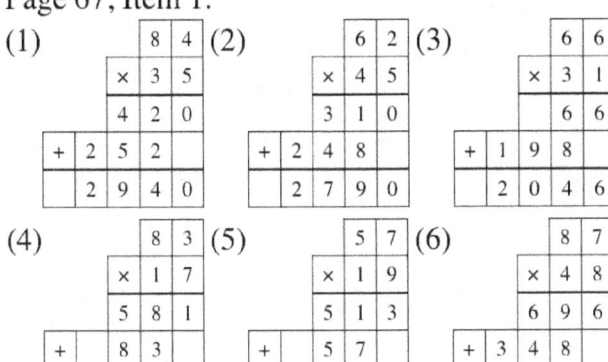

Page 68, Item 1:

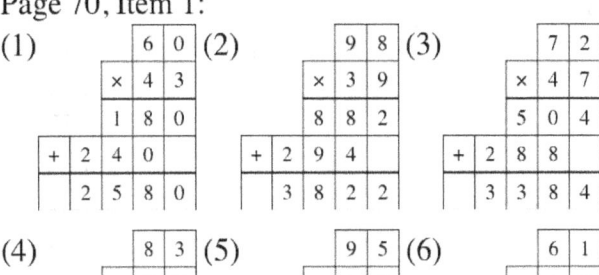

Page 69, Item 1:

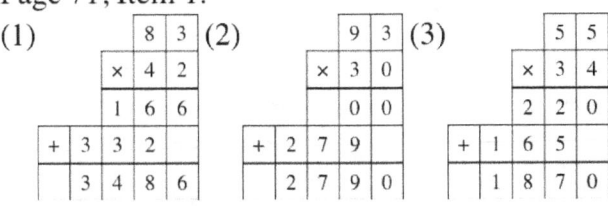

Page 70, Item 1:

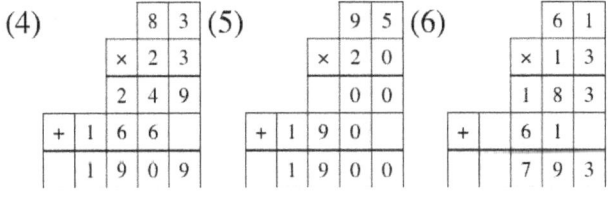

Page 71, Item 1:

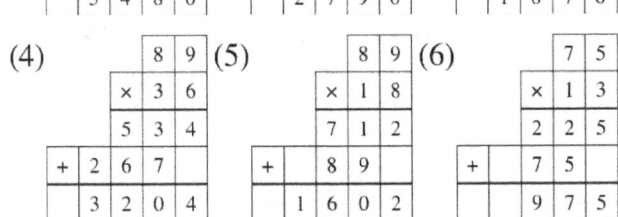

Page 72, Item 1:

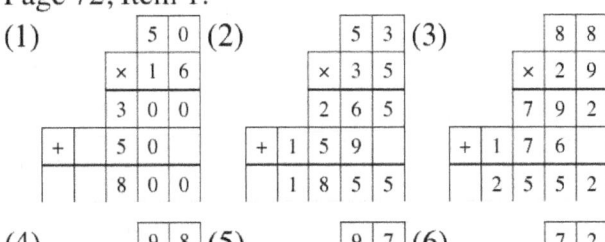

Solutions

Page 73, Item 1:

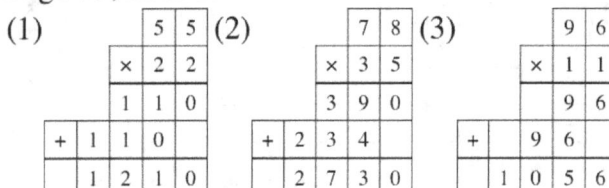

Page 74, Item 1:

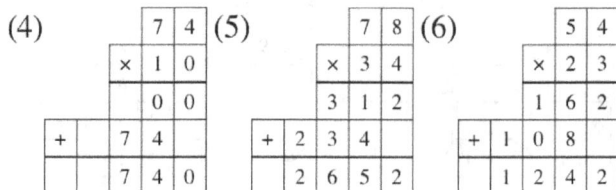

Page 75, Item 1:

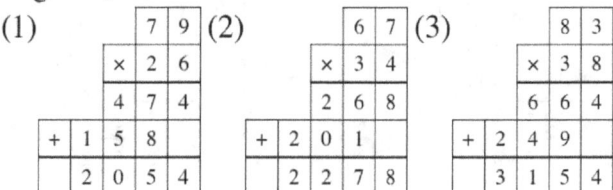

Page 76, Item 1:

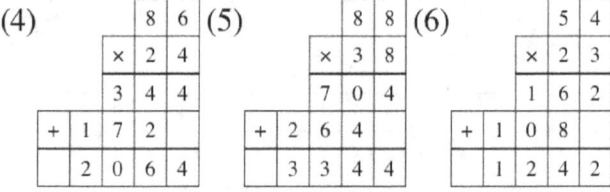

Page 77, Item 1:

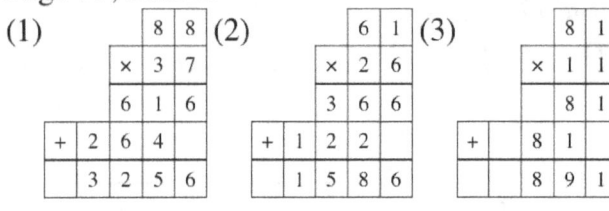

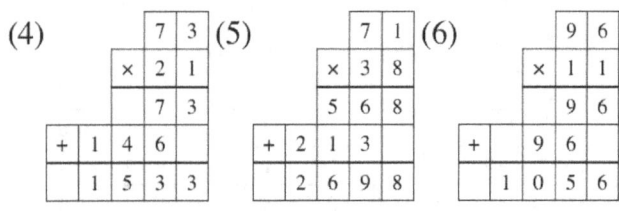

Page 78, Item 1:

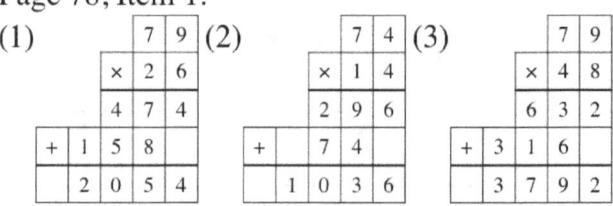

Solutions

Page 79, Item 1:

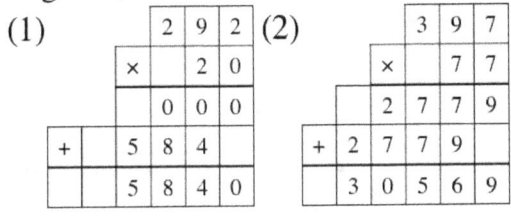
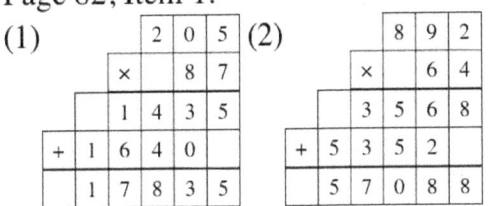
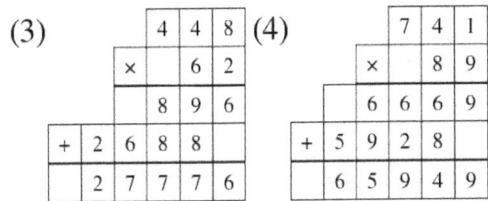

Page 81, Item 1:

Page 82, Item 1:

Page 83, Item 1:

Page 84, Item 1:

Solutions

Page 85, Item 1:

(1) 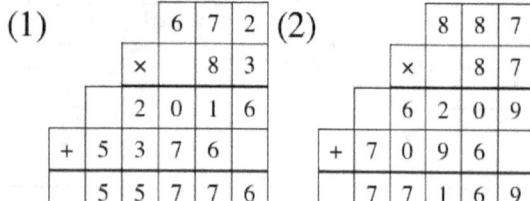 (2)

(3) 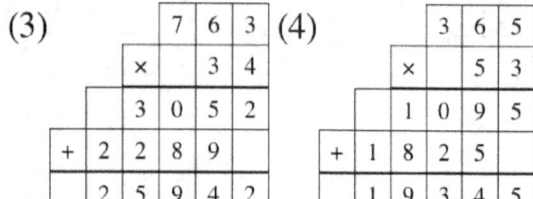 (4)

(5) 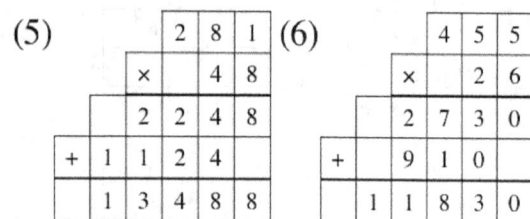 (6)

Page 86, Item 1:

(1) 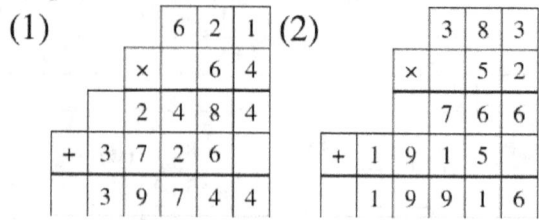 (2)

(3) 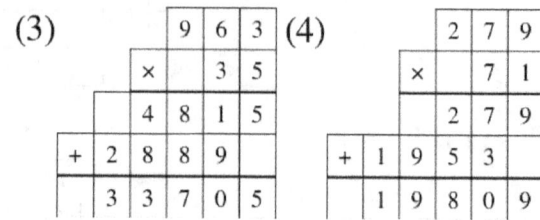 (4)

(5) (6)

Page 87, Item 1:

(1) 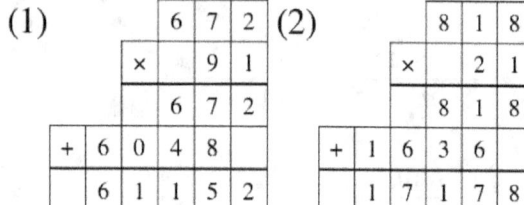 (2)

(3) (4)

(5) (6)

Page 88, Item 1:

(1) 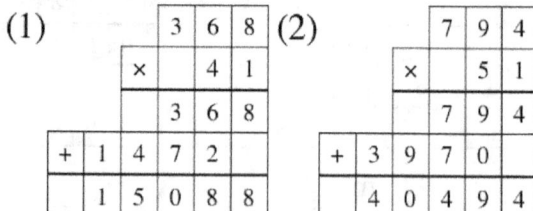 (2)

(3) 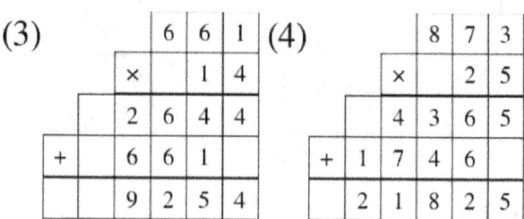 (4)

(5) 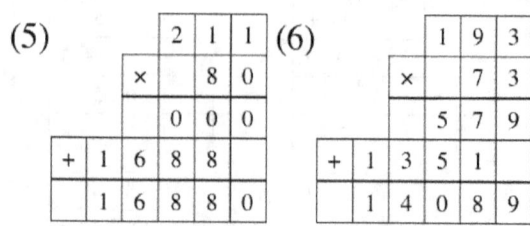 (6)

Solutions

Page 89, Item 1:

(1)

			6	6	3
		×		5	2
		1	3	2	6
+	3	3	1	5	
	3	4	4	7	6

(2)

			5	2	0
		×		8	4
		2	0	8	0
+	4	1	6	0	
	4	3	6	8	0

(3)

			7	2	4
		×		7	9
		6	5	1	6
+	5	0	6	8	
	5	7	1	9	6

(4)

			5	6	6
		×		2	2
		1	1	3	2
+	1	1	3	2	
	1	2	4	5	2

(5)

			7	6	0
		×		7	9
		6	8	4	0
+	5	3	2	0	
	6	0	0	4	0

(6)

			7	5	6
		×		4	5
		3	7	8	0
+	3	0	2	4	
	3	4	0	2	0

Page 90, Item 1:

(1)

			2	2	7
		×		1	7
		1	5	8	9
+		2	2	7	
		3	8	5	9

(2)

			3	1	3
		×		1	6
		1	8	7	8
+		3	1	3	
		5	0	0	8

(3)

			4	1	3
		×		3	4
		1	6	5	2
+	1	2	3	9	
	1	4	0	4	2

(4)

			3	3	6
		×		5	4
		1	3	4	4
+	1	6	8	0	
	1	8	1	4	4

(5)

			9	4	3
		×		2	7
		6	6	0	1
+	1	8	8	6	
	2	5	4	6	1

(6)

			6	0	6
		×		6	8
		4	8	4	8
+	3	6	3	6	
	4	1	2	0	8

Page 91, Item 1:

(1)

			8	1	4
		×	1	4	1
			8	1	4
		3	2	5	6
+		8	1	4	
	1	1	4	7	7	4

(2)

			9	7	1
		×	2	7	7
		6	8	3	9
		6	8	3	9
+	1	9	5	4	
	2	7	0	6	2	9

(3)

			6	2	4
		×	3	0	6
		3	7	4	4
		0	0	0	
+	1	8	7	2	
	1	9	0	9	4	4

(4)

			6	5	3
		×	2	0	5
		3	2	6	5
		0	0	0	
+	1	3	0	6	
	1	3	3	8	6	5

(5)

			8	7	3
		×	2	5	2
		1	7	4	6
		4	3	6	5
+	1	7	4	6	
	2	1	9	9	9	6

(6)

			9	7	6
		×	1	1	1
			9	7	6
		9	7	6	
+		9	7	6	
	1	0	8	3	3	6

Page 92, Item 1:

(1)

			7	6	6
		×	1	1	0
			0	0	0
			7	6	6
+		7	6	6	
		8	4	2	6	0

(2)

			6	3	3
		×	4	7	0
			0	0	0
		4	4	3	1
+	2	5	3	2	
	2	9	7	5	1	0

(3)

			7	5	7
		×	4	9	8
		6	0	5	6
		6	8	1	3
+	3	0	2	8	
	3	7	6	9	8	6

(4)

			9	3	1
		×	3	0	2
		1	8	6	2
		0	0	0	
+	2	7	9	3	
	2	8	1	1	6	2

(5)

			9	1	0
		×	2	6	1
			9	1	0
		5	4	6	0
+	1	8	2	0	
	2	3	7	5	1	0

(6)

			8	3	3
		×	1	1	3
		2	4	9	9
		8	3	3	
+		8	3	3	
		9	4	1	2	9

Solutions

Page 93, Item 1:

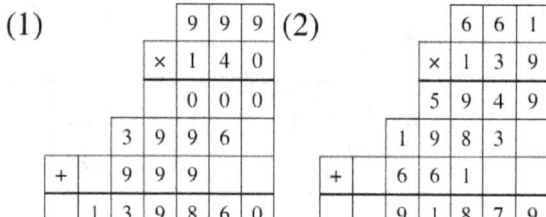

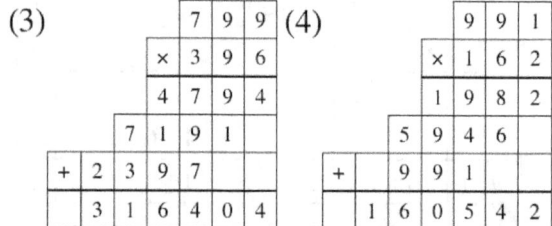

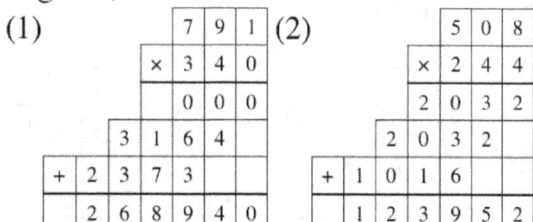

Page 94, Item 1:

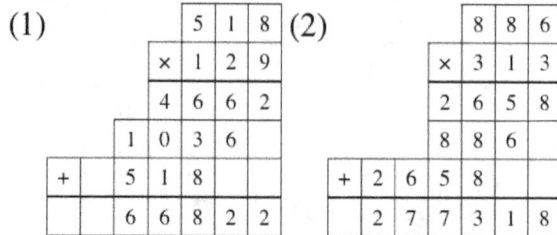

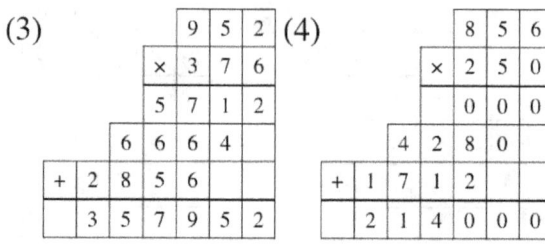

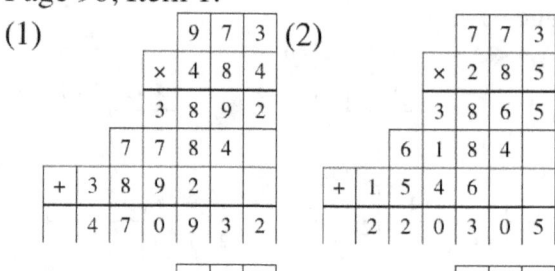

Page 95, Item 1:

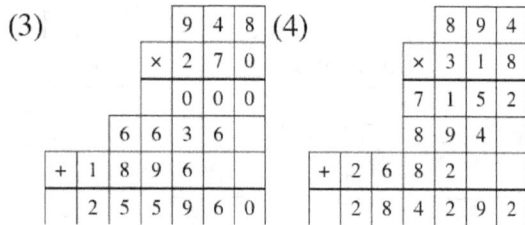

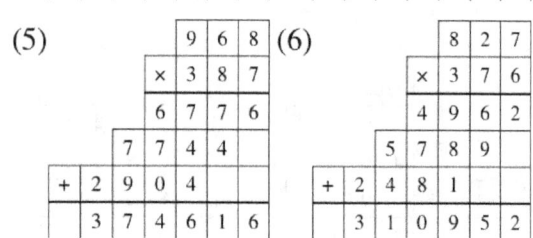

Page 96, Item 1:

Solutions

Page 97, Item 1:
(1) 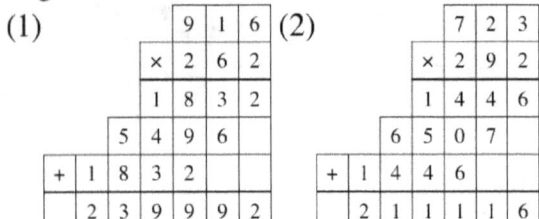 (2)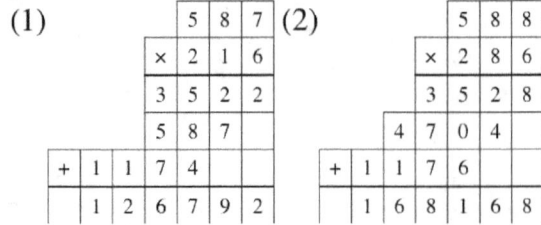

(3) 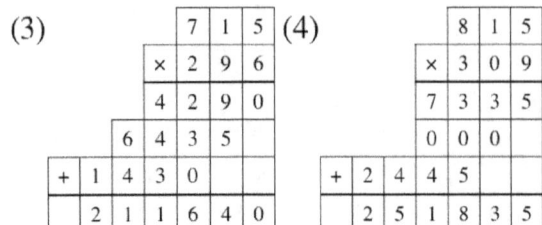 (4)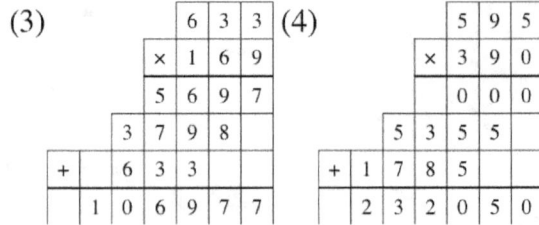

(5) 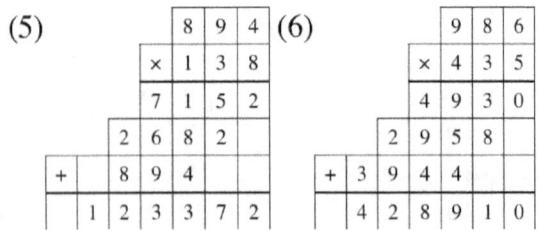 (6)

Page 98, Item 1:
(1) (2)

(3) (4)

(5) (6)

Page 99, Item 1:
(1) 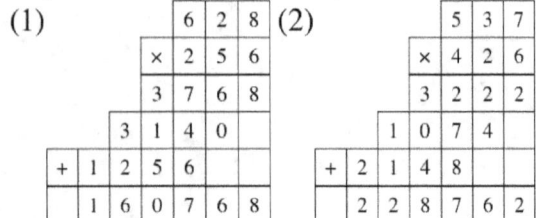 (2)

(3) 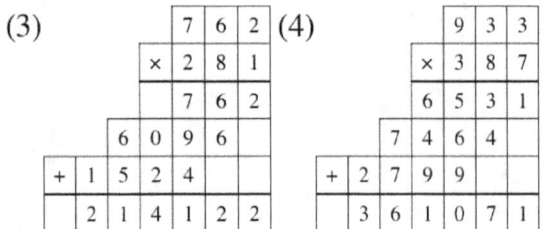 (4)

(5) 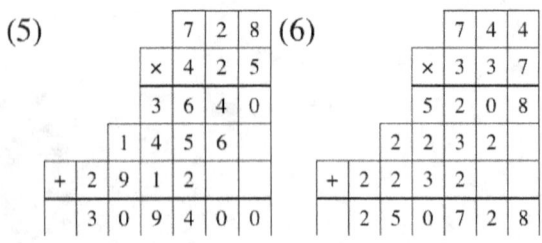 (6)

Page 100, Item 1:
(1) 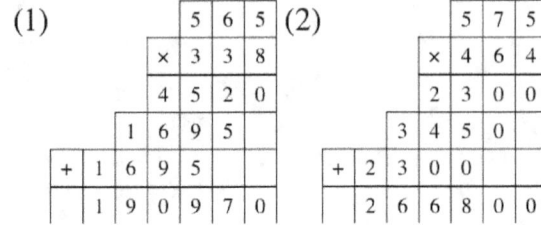 (2)

(3) 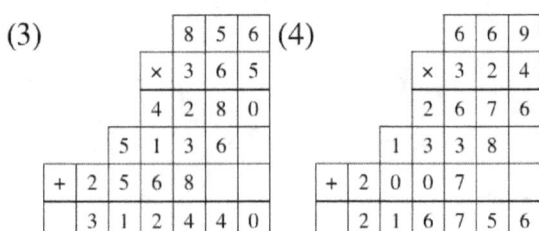 (4)

(5) 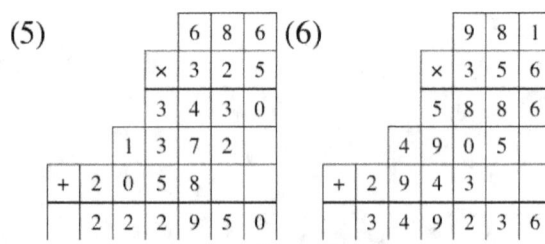 (6)

Mayan Lion Books
Support Your Child's Educational Journey

COMING SOON:

Addition, Subtraction, Division Workbooks - and so much more!

For release dates and more information visit us at
MayanLionBooks.com

www.ingramcontent.com/pod-product-compliance
Lightning Source LLC
Chambersburg PA
CBHW080500220526
45465CB00006B/2329